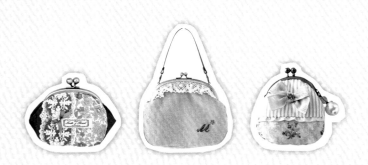

初學者 の 手作口金包 完全攻略

COTTON TIME 特別編集

85 個
超人氣小包
BEST COLLECTION

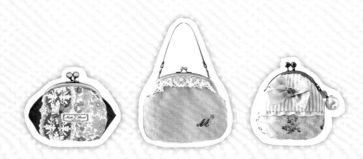

初學者 の 手作口金包

85 個超人氣小包
BEST COLLECTION

時下最流行的超人氣手作口金包！

不僅可愛實用，作為自己常用的小包也很便利，
當成小禮物，或參與手作市集、義賣會，一定會很受歡迎。
可愛小物不嫌多，不知不覺，讓人忍不住又多作了好幾個……

口金包雖然屬於布作，卻非常簡單，只要準備接著劑、紙繩，
單憑手感就能製作，這也正是口金包的趣味之處。
只要掌握要領，即使是初學者也能輕鬆完成，
請備妥材料、工具，立刻試著挑戰看看吧！

口金包用語解說

首次製作口金包的初學者,
一起來認識相關的基本用語吧!

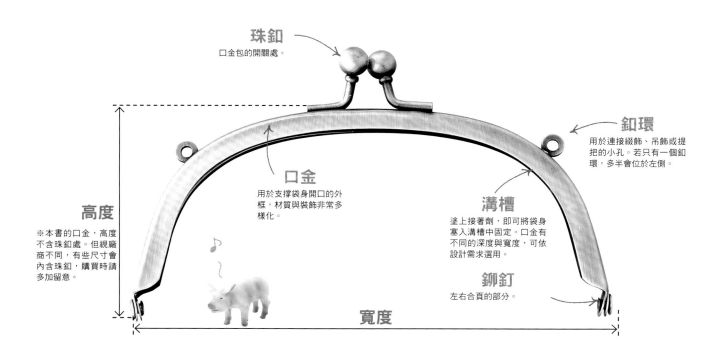

珠釦
口金包的開關處。

釦環
用於連接綴飾、吊飾或提把的小孔。若只有一個釦環,多半會位於左側。

口金
用於支撐袋身開口的外框,材質與裝飾非常多樣化。

溝槽
塗上接著劑,即可將袋身塞入溝槽中固定。口金有不同的深度與寬度,可依設計需求選用。

高度
※本書的口金,高度不含珠釦處。但視廠商不同,有些尺寸會內含珠釦,購買時請多加留意。

鉚釘
左右合頁的部分。

寬度

基本款

圓形與櫛形的口金帶有復古錢包的感覺,
常見的口金基本款有:迷你的山形,或搭配線條銳利的方形口金。

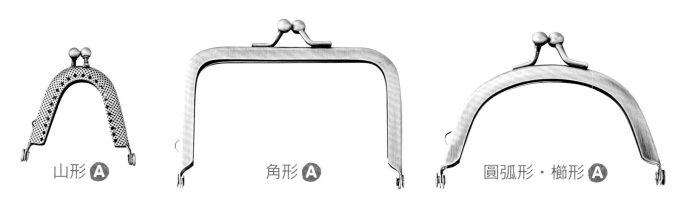

山形 **A**　　　角形 **A**　　　圓弧形‧櫛形 **A**

A＝INAZUMA(植村)　http://www.inazuma.biz
B＝橫濱Labo　http://hama-labo.shop-pro.jp
C＝角田商店　http://shop.towanny.com

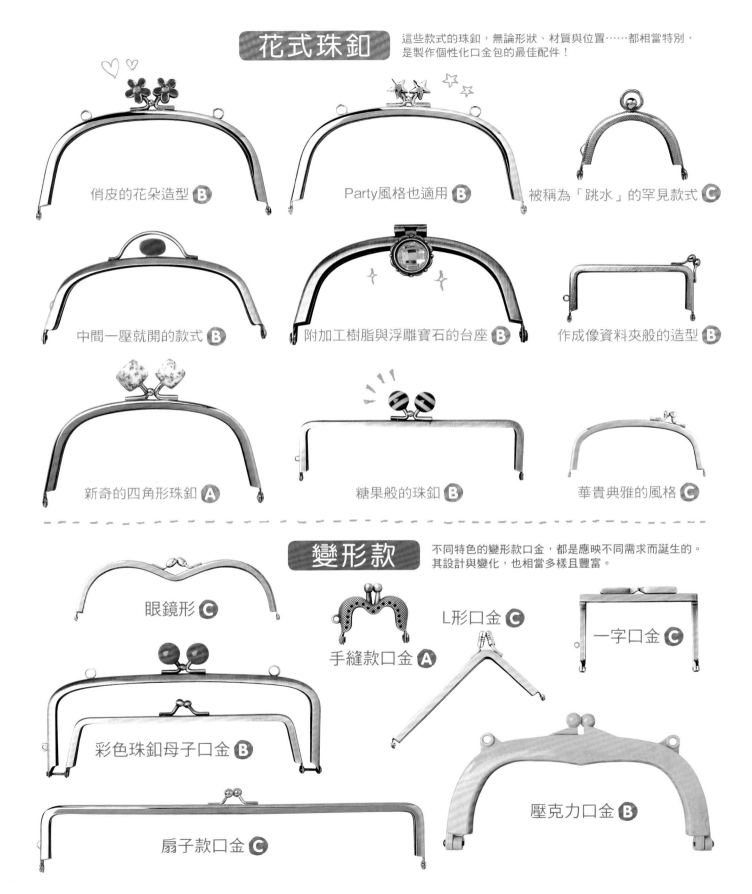

花式珠鈕

這些款式的珠鈕,無論形狀、材質與位置……都相當特別,
是製作個性化口金包的最佳配件!

俏皮的花朵造型 B

Party風格也適用 B

被稱為「跳水」的罕見款式 C

中間一壓就開的款式 B

附加工樹脂與浮雕寶石的台座 B

作成像資料夾般的造型 B

新奇的四角形珠鈕 A

糖果般的珠鈕 B

華貴典雅的風格 C

變形款

不同特色的變形款口金,都是應映不同需求而誕生的。
其設計與變化,也相當多樣且豐富。

眼鏡形 C

手縫款口金 A

L形口金 C

一字口金 C

彩色珠鈕母子口金 B

扇子款口金 C

壓克力口金 B

初學者の手作口金包 **85** Contents

※本書的插圖，若有標註 紙型 **A** 、 紙型 **B** ，
　請見附錄的原寸紙型與圖案。
※本書插圖的數字單位為 **cm** 。

LOVE gamaguchi

Chapter 1

以簡單的口金
製作口金包吧！

先以簡單的圓形、方形口金，製作幾款小型收納包吧！
即使形狀不同，但組裝的方式幾乎相同，所以從簡單的款式開始挑戰也OK！
口金包就是要多作幾個，才能抓住製作訣竅，P.28至P.29有詳盡的介紹。
達人們熟練的技術，就是在這樣不斷練習下的成果。請務必仔細閱讀喲！

圓形

方形

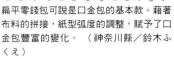

基本款
扁平口金包

扁平零錢包可說是口金包的基本款。藉著布料的拼接,紙型弧度的調整,賦予了口金包豐富的變化。(神奈川縣/鈴木ふくえ)

以 **圓形 口金** 製作的**口金包**

B 圓形

配合口金弧度的圓形。相當適合鮮豔的圖案。

基本款Lesson
請見P.10

E 長方形

將B紙型直向延伸,就成為鉛筆盒般,方便使用的長方形了!

A 基本款

最標準下半部膨起的款式,加上鈕釦的裝飾也很可愛。

D 檸檬形

紙型的上半部鼓起,下半部內縮的檸檬形,適合以復古布料製作。

C 洋梨形

以可見鉚釘的寬度,縫製而成略長的漂亮款式。

使用的口金
BK-772 /
INAZUMA

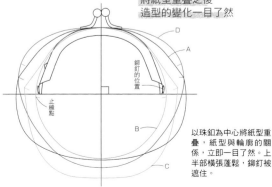

將紙型重疊之後
造型的變化一目了然

- D
- A
- 鉚釘的位置
- 止縫點
- B
- C

以珠釦為中心將紙型重疊,紙型與輪廓的關係,立即一目了然。上半部橫張蓬鬆,鉚釘被遮住。

後袋身製作布料拼接,氛圍就完全不一樣了……

D 使用同色系的珠釦。將拼接線稍微移動,也相當有趣呢!

C 將條紋布料橫向接合,使圖案多了些變化。

E 稍減繽紛圖案的分量,會更容易取得平衡。

圓形口金
arrange ①

開口抓皺設計

一款復古活潑的組合，以壓克力口金搭配美
國棉布。皺褶所呈現的豐滿分量感，與口金
之間取得了平衡。（神奈川縣／鈴木ふく
え）

由於這款口金的溝槽較深，適
合以毛料等較厚質的布料製
作。裡布則搭配了紅色圓點圖
案。

使用的口金
101 ／
cherin-cherin

● 作法請見P.11。

圓形口金
arrange ②

縫製底角之後……

使用了珠釦稍大的口金，是頗具分量感的設
計款式，最適合搭配有底角的袋身以增加平
衡感。Liberty的馬戲團布料，別具童心，
將珠釦的個性，襯托得分外搶眼。（神奈
川縣／鈴木ふくえ）

保持時髦好看的原形，並
顯出厚度感，正是底角的
可貴之處，與抓皺的效果
有異曲同工之處。

使用的口金
鈴木女士的私藏

● 作法請見P.30。

以圓形口金，製作基本款扁平口金包吧！

製作無厚度的扁平款袋身並不難。
只要先將紙繩縫於袋身，"插入紙繩"的步驟，瞬間就變得很容易了！

製作指導：鈴木ふくえ（Little Marvel）

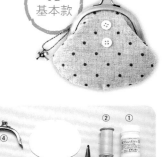

A
基本款

---

2 將口金組裝於袋身

① 先將紙繩輕輕展開。市售紙繩有許多偏硬，攤開之後會較為厚軟，便於壓入口金內。

point 於開口周圍縫上紙繩。

② 將紙繩修剪為比止縫點還短1cm的長度，並縫於裡袋身的開口周圍，以便嵌入口金。

③ 尖錐前端沾上接著劑，塗於口金溝槽內。記得接著劑勿抹太多！

point 從中心開始，逐一壓入溝槽內。

④ 將袋身壓入口金的溝槽裡。對齊裡袋身與口金的中心，再以尖錐將布料推入口金框中，以此作法，將左、右兩側的布料，依序慢慢均勻地推入溝槽。

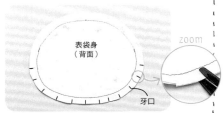

表袋身（背面）

zoom

牙口

④ 將表布、裡布正面相對，縫至止縫點。圓弧處剪牙口，這個小步驟能使圓弧處變得更加流暢好看。

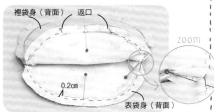

裡袋身（背面）　返口

zoom

0.2cm

表袋身（背面）

⑤ 將表袋身翻回正面，與裡袋身正面相對重疊。對齊記號點之後，以珠針固定，於距離完成線0.2cm處進行疏縫，並預留返口。兩側的縫份記得燙開備用。

表袋身（背面）

⑥ 預留返口，並沿著完成線縫合。

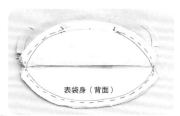

⑦ 取下疏縫線，於圓弧處剪牙口。

0.2cm

表袋身（正面）

⑧ 由返口翻回正面，整理返口處之縫份，開口周圍以紉紉機車縫一道。盡量縫於布緣，使縫線可以完整隱藏於口金內，這樣袋身就完成了！袋身嵌入口金後，請確認置入的形狀是否整齊完好。

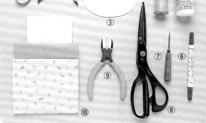

⑤ ④ ② ①
③ ⑦ ⑥
⑨
⑩ ⑧

材料與工具

①手工藝用接著劑 ②縫線 ③紙型 ④寬8cm×高4.5cm的口金 ⑤紙繩 ⑥記號筆 ⑦尖錐 ⑧剪刀 ⑨平口鉗 ⑩表布、裡布、接著襯各25×15cm

※為便於說明，部分縫線的顏色較顯眼。

P.8的口金包A至E，請見 **紙型 A**

B至E的部分，請參考A製作。

1 製作袋身

裡布（背面）

表布（正面）

① 於表布、裡布熨燙接著襯。以低溫將接著襯熨燙固定。若從布邊開始進行熨燙，則不需墊布。若以容易縮水的布料製作，建議使用墊布較佳。

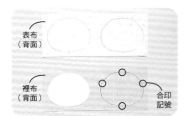

表布（背面）

裡布（背面）

合印記號

② 將表布、裡布的背面朝上，放上紙型，以記號筆畫出完成線。紙型需預留縫份（1cm），並標註合印記號。

1cm

表布（背面）

③ 外加縫份後，將表、裡布各裁剪兩片。

3 最後修飾

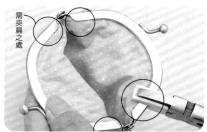

① 以平口鉗輕輕將口金側身夾扁，亦可使用市面的口金專用鉗，若使用一般的平口鉗，請放上墊布再進行作業，以免刮傷口金。

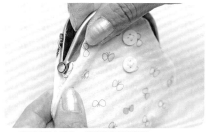

② 將手指伸入袋中，撐開側身整理袋型。

完成！

③ 口金包大功告成！加上鈕釦或吊飾裝飾，就更可愛囉！
※ 完成尺寸 約長9cm×寬11cm。

arrange ①

想要於袋口附近製作抓皺時……

紙型 A

材料
表布・裡布各40×20cm（不需接著襯）、約寬10×高6cm的口金（塑膠製）、紙繩。
※ 完成尺寸 約長10cm×寬14cm。

皺褶處因布料堆疊稍有厚度，所以縫製紙繩時，請避開皺褶處進行。由於塑膠口金無法以平口鉗夾扁，因此請多使用一些紙繩調整。

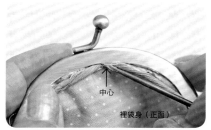

中心
裡袋身（正面）

⑩ 以尖錐壓入中間的紙繩，再分別壓入左、右兩側的紙繩。

⑪ 此為紙繩壓入完成的樣子。

GOOD

膨膨的

⑫ 從正面看不僅沒有皺褶，袋身也被完整地收入口金內。

point 確認鉚釘與側身的位置。

鉚釘

⑬ 確認止縫點，位於鉚釘的正下方。

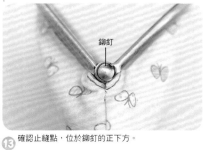

⑭ 打開口金靜置數小時，請盡量放置半日至一日，使接著劑能完全乾燥。

表袋身（正面）

⑤ 製作過程中，請不時從表袋身確認布料推入狀態，這樣製作出來就會很美觀。

point 不可露出紙繩的邊緣。

不可露出紙繩的邊緣。

⑥ 小心地逐一將紙繩壓入溝槽，並收入邊緣。

NG

皺皺的

⑦ 一側完成後，在另一側的溝槽也塗上接著劑，再將袋身推入口金中。整體完成之後，若口金中還有許多空隙未填滿，則會造成袋身起皺的情形。

point 確認整體平衡感，並適時添補紙繩。

裡袋身（正面）

⑧ 若想製作袋身抓皺，就要補上紙繩。先壓入紙繩，再調整粗細。布料的厚度與是否需要添補紙繩？以及要將紙繩添補於何處？有極大的關聯。本次要於珠釦周圍，補上紙繩。

裡袋身（正面）

⑨ 尖錐沾上些許接著劑，於紙繩壓入處，逐一抹上一層薄薄的接著劑。

圓膨膨的迷你口金包

一款風格清新，袋身稍顯長方的迷你口金包。以零碼布就能輕鬆完成的尺寸，正是這款口金的魅力所在。縫上棉襯更顯得蓬鬆柔軟，即使尺寸稍小，也超有存在感。用於收納珍貴的飾品，也很適合喲！（東京都／本間里美）

可以將提升財運或家族昌盛的開運小物，放在內側口袋裡喲！

使用的口金
本間女士的私藏

紙型 B　**材料（綠色）**　表布a 20×10cm、表布b 10×10cm、表布c 10×10cm、裡布20×10cm、鋪棉20×10cm、寬0.8cm的蕾絲10cm、寬1cm的蕾絲緞帶20cm、寬1.5cm的蕾絲20cm、裝飾鑽、寬5cm×高3cm的口金、紙繩、喜歡的吊飾

3 組裝

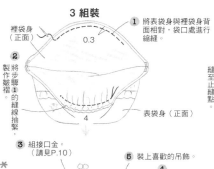

裡袋身（正面）

0.3

① 將表袋身與裡袋身背面相對，袋口處進行縮縫。

將步驟1的縫線抽聚。

表袋身（正面）

4

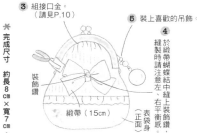

③ 組接口金。（請見P.10）

⑤ 裝上喜歡的吊飾。

④ 於緞帶蝴蝶結中縫上裝飾鑽，縫製時請注意左、右平衡感。

裝飾鑽

緞帶（15cm）

表袋身（正面）

★ 完成尺寸　約長8㎝×寬7㎝

2 製作裡袋身

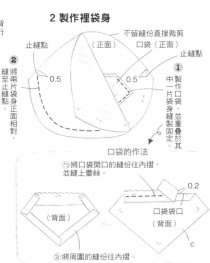

不留縫份直接裁剪

口袋（正面）

止縫點

止縫點

0.5　　0.5

② 縫至止縫點。

製作口袋，並重疊於其中一片袋身，縫製固定。

將兩片袋身正面相對。

口袋的作法

㋑將口袋開口的縫份往內摺，並縫上蕾絲。

（背面）　口袋袋口（背面）

0.2

c

㋺將周圍的縫份往內摺。

1 製作表袋身

★ 除了指定處之外，皆預留0.5cm的縫份。

（正面）

① 疊上蕾絲緞帶，進行疏縫。

③ 分別於兩片袋身的背面，疊上棉襯，並疏縫固定於縫份處。不留縫份直接裁剪

0.5　（背面）　0.5

止縫點　止縫點

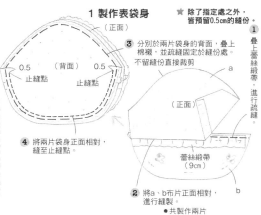

a

（正面）

蕾絲緞帶（9cm）

④ 將兩片袋身正面相對，縫至止縫點。

② 將a、b布片正面相對，進行縫製。
●共製作兩片

b

高木纖維
F1／角田商店

精緻蓬鬆的吊飾

這款迷你口金包，將小口金包的可愛度發揮得淋漓盡致。組裝珠鍊即可作為包包的吊飾了，就算以手工縫製，也能快速完成，讓人忍不住想多作幾個呢！（東京都／上杉輝美）

袋身中塞有棉花，因此裡袋身也很柔軟蓬鬆，用於收納戒指或耳環都很方便。

材料（1個份） 表布、裡布15×10cm、寬1.5cm的蕾絲10cm、鋪棉、長12cm附接頭的珠鍊、寬4cm×高3.5cm的口金、紙繩

紙型 A

精緻蓬鬆的吊飾

★ 縫份外加1cm。

2 組裝

① 注意均衡，將蕾絲分兩層疊放縫製，蓋住裡布的針趾。

表布（正面）

1 製作袋身

① 將表、裡袋身正面相對縫製，並預留一返口。

表布（正面）
裡布（背面）
返口

② 將袋身對摺，組裝口金（請見P.10）。

表布（正面）
口金
摺雙

③ 將珠鍊穿入釦環。

棉花

表布（正面）

② 翻至正面，再縫合返口，將棉花整平置入。

★ 完成尺寸 約長3.5cm×寬4cm。

---

2 組裝
★ 縫份外加0.7cm。

返口

① 縫製開口處，需留返口。將表、裡袋身正面相對縫製開口處，需留返口。

止縫點
止縫點
表袋身（背面）
裡袋身（背面）

② 翻回正面，縫合返口。

③ 組裝口金（請見P.10）。

表袋身（正面）
口金

★ 完成尺寸 約長7.5cm×寬6.5cm。

紙型 A

零錢&珠寶口金包
1 製作表袋身&裡袋身

表袋身
開口
（背面）
止縫點
止縫點
（正面）

將兩片袋身正面相對縫至止縫點

裡袋身
開口
（背面）
止縫點
止縫點
（正面）

與表袋身作法相同

材料（粉紅色） 表布25×15cm、裡布25×15cm、寬5cm×高3.5cm的口金、紙繩

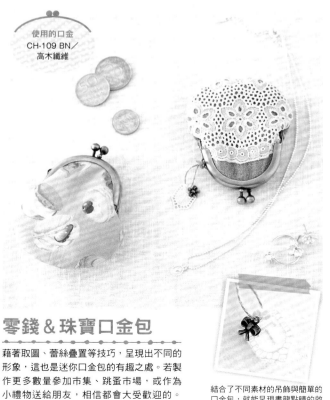

使用的口金
CH-109 BN／
高木纖維

零錢&珠寶口金包

藉著取圖、蕾絲疊置等技巧，呈現出不同的形象，這也是迷你口金包的有趣之處。若製作更多數量參加市集、跳蚤市場，或作為小禮物送給朋友，相信都會大受歡迎的。（佐賀縣／西村智子）

結合了不同素材的吊飾與簡單的口金包，就能呈現畫龍點睛的效果了！

拼布口金包

以四種褐色系布料作為拼布用布，使整體增添成熟的氛圍，搭配暗色的口金，看起來更有灑脫不羈的感覺。特意錯開縫製的接縫線，讓口金增添了些許玩心呢！
（千葉縣／榊原幸子）

使用的口金
0531423／藤久
（Shagule）

運用與袋身相同的布料，製作Yo-Yo拼布與蝴蝶結，這樣的整體感也挺好看的。

Shagule：www.shugale.com

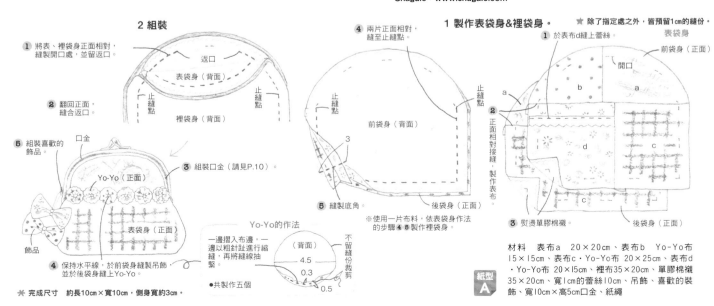

2 組裝

① 將表、裡袋身正面相對，縫製開口處，並留返口。

② 翻回正面，縫合返口。

返口
表袋身（背面）
止縫點
止縫點
裡袋身（背面）

⑤ 組裝喜歡的飾品。

口金
Yo-Yo（正面）

③ 組裝口金（請見P.10）。

表袋身（正面）

飾品

④ 保持水平線，於前袋身縫製吊飾，並於後袋身縫上Yo-Yo。

❋ 完成尺寸　約長10cm×寬10cm，側身寬約3cm。

Yo-Yo的作法

一邊摺入布邊，一邊以粗針趾進行縮縫，再將縫線抽緊。

（背面）
4.5
0.3
0.5
不留縫份裁剪

●共製作五個

④ 兩片正面相對，縫至止縫點。

止縫點
前袋身（背面）
止縫點
3

⑤ 縫製底角

後袋身（正面）

※使用一片布料，依表袋身作法的步驟 ④ ⑤ 製作裡袋身。

1 製作表袋身&裡袋身。

① 於表布d縫上蕾絲。

表袋身
前袋身（正面）
開口
a
b
a

② 正面相對接縫，製作表布。

d
c
c

③ 熨燙單膠棉襯。

後袋身（正面）

材料　表布a　20×20cm、表布b・Yo-Yo布 15×15cm、表布c・Yo-Yo布 20×25cm、表布d・Yo-Yo布 20×15cm、裡布35×20cm、單膠棉襯 35×20cm、寬1cm的蕾絲10cm、吊飾、喜歡的裝飾、寬10cm×高5cm口金、紙繩

紙型
A

❋ 除了指定處之外，皆預留1cm的縫份。

以相同色系的俏麗碎花布為裡布。
每次開啟，都能散發出愉悅的氣息。

使用的口金
201／
cherin-cherin

圓滾滾口金包

以雅緻的圖案搭配平織格紋布，創造出這款
成熟與可愛交織的迷你口金包。中間以蕾絲
裝飾，更讓人印象深刻。隨性將蕾絲與吊飾
搭配，希望能讓您創作時多些靈感參考！
（佐賀縣／西村智子）

材料 表布a 30×10cm、表布b 15×15cm、裡布
30×15cm、寬1.2cm的蕾絲30cm、寬8cm的口金、
紙繩、吊飾

紙型 **A**

★ 外加1cm縫份。

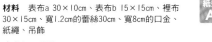

圓滾滾口金包

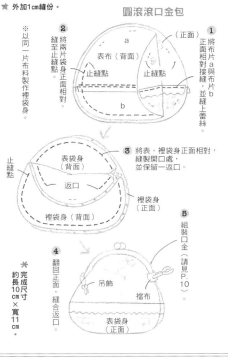

※以同一片布料製作裡袋身。

① （正面）將布片a與布片b正面相對，並縫上蕾絲。

② 將兩片袋片接縫，縫至止縫點。

a
表布（背面）
止縫點
b

③ 將表、裡袋身正面相對，縫製開口處，並保留一返口。

表袋身（背面）
止縫點
返口
裡袋身（正面）
裡袋身（背面）

④ 翻回正面，縫合返口。

⑤ 組裝口金（請見P.10）

吊飾
擋布
表袋身（正面）

完成尺寸 約長10cm×寬11cm

白雪公主收納包

運用小珠釦與字母蕾絲片搭配，使這款收納
包散發清新的古典意象。正因款式非常簡
單，所以更加凸顯了白色羊毛與原色亞麻布
的質感。蓬鬆柔軟的毛海緣編，也為口金增
添了些許暖意。（靜岡縣／金子真穗）

裡布所使用的布料風格
華麗，為來自法國的
antique cotton。

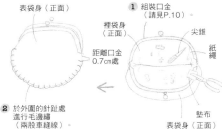

使用的口金
金子女士的私藏

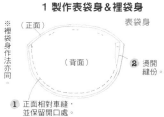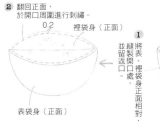

白雪公主收納包

1 製作表袋身＆裡袋身

表袋身

※裡袋身作法亦同

（背面）

② 燙開縫份。

① 正面相對車縫，並保留開口處。

2 縫合表、裡袋身

返口4cm
裡袋身（背面）

① 將表袋身、裡袋身正面相對，並縫製開口處。

表袋身（背面）

2 翻回正面，於開口周圍進行刺繡。

0.2
裡袋身（正面）

表袋身（正面）

材料（右） 表布20×30cm、裡布20×30cm 、直徑0.3
cm的淡水珍珠2個、直徑1.4cm的裝飾珠1個、字母蕾絲
片、蕾絲片、毛海毛線、25號繡線、8號蕾絲鉤針、寬
12cm×高5.2cm的口金、紙繩

紙型 **A**

★ 外加0.7cm縫份。

3 組裝

① 組裝口金（請見P.10）。

表袋身（正面）
裡袋身（正面）
距離口金0.7cm處
尖錐
紙繩

② 於外圍的針趾處進行毛邊繡（兩股車縫線）

裡布
墊布
表袋身（正面）

緣編作法

8目
7目   6目   6目
6目   6目
6目
→第2段
←第1段
短針（49目）
毛邊繡

×短針　○鎖針　◐引拔針

④ 縫上字母蕾絲片。

⑤ 組裝吊飾。

進行於字母蕾絲片的字母周圍進行回針繡（單股繡線）

裝飾珠
淡水珍珠
蕾絲片

取三股繡線，作出鎖針15目的繩子

③ 為毛編繡進行緣編。

❋ 完成尺寸　約長14cm×寬16cm

飯糰收納包

圓圓的飯糰造型，正是超級可愛的收納包啦！這款口金於皺褶處多花了些心思，從口金的弧度開始，自然地將線條延展。草莓圖案也展現了滿滿的元氣呢！（埼玉縣／平松千賀子）

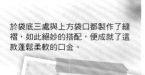
於袋底三處與上方袋口都製作了縫褶，如此絕妙的搭配，便成就了這款蓬鬆柔軟的口金。

使用的口金
（大）BK-772／INAZUMA
（小）F2／角田商店

袋底製作了皺褶，顯得相當蓬鬆而柔軟。背面則以同色系花布，營造出華麗的氛圍。

秋色口金收納包

這款蓬鬆柔軟且帶有沉穩氣質的收納包，是以厚質燈芯絨與羊毛所製作。袋底以配色布搭配，容量頗大啦！後袋身的十字繡，更增添了些許高雅氛圍。（愛知縣／明石朝子）

使用的口金
明石女士的私藏

材料（大） 表布30×15cm、裡布30×15cm、接著襯30×15cm、寬7.8cm×高4.5cm的口金、紙繩（小）
使用約寬4.8cm×高3.5cm的口金

紙型 **B**

★ 外加0.7cm縫份。

飯糰收納包（大）

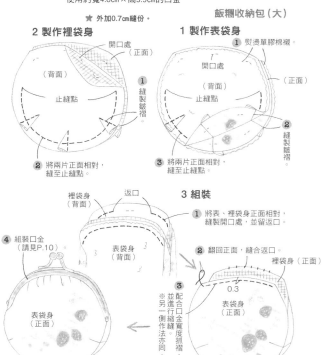

2 製作裡袋身

開口處
（正面）
（背面）
止縫點

① 縫製皺褶
② 縫製皺褶

② 將兩片正面相對，縫至止縫點。

1 製作表袋身

① 熨燙單膠棉襯。

開口處
（背面）
（正面）
止縫點

② 縫製皺褶
③ 將兩片正面相對，縫至止縫點。

3 組裝

裡袋身（背面）
返口
表袋身 3
表袋身（背面）

① 將表、裡袋身正面相對，縫製開口處，並留返口。

④ 組裝口金（請見P.10）。

表袋身（正面）

② 翻回正面，縫合返口。

裡袋身（正面）
0.3
表袋身（正面）

③ 配合口金寬度抓褶，並進行縮縫。※另一側作法亦同。

★ 完成尺寸 約長7.5cm×寬8cm。

16

六角花園口金收納包

清爽的六角形拼布，透過細膩的皺褶，流露出些許休閒感。搭配寬幅的口金，拿取物品時更加方便。可愛的冰淇淋圖案刺繡，更有畫龍點睛的效果。（千葉縣／榊原幸子）

使用的口金
榊原女士的私藏

材料 表布30×40cm、裡布30×40cm、拼布用布、單膠棉襯30×40cm、寬15cm×高7cm的口金、紙繩、寬0.7cm提把用的棉麻織帶50cm、直徑1.2cm的木珠2顆、25號繡線

紙型 B

六角花園
口金收納包

★ 除了指定處之外，皆預留1cm的縫份。

2 製作裡袋身

（正面）
（背面）
止縫點

正面相對後，作法與表袋身相同。

3 組裝

① 將表、裡袋身正面相對重疊，縫製開口處，並留返口。

返口
表袋身（背面）
裡袋身（背面）

② 翻回正面，縫合返口，並於開口處縫製皺褶。

③ 組裝口金（請見P.10）。

棉麻織帶
木珠

1 製作表袋身

③ 落針壓縫。
進行刺繡。
① 製作拼布與貼布縫。
0.7
（正面）

② 背面熨燙單膠棉襯。

止縫點
（背面）
止縫點
袋底摺雙
（正面）

④ 將喜歡的提把，穿入口金孔內。

④ 正面相對對摺，車縫兩側至止縫點。

（正面）
（背面）

⑤ 縫製底角。

★ 完成尺寸　約長12cm×寬15cm，側身寬約8cm。

材料（左） 袋身表布a 40×15cm、袋身表布b・袋底表布30×15cm、裡布50×15cm、寬1.2cm的蕾絲25cm、接著襯45×15cm、寬10cm的口金、紙繩、25號繡線

紙型 A

P.16
秋色口金收納包

★ 外加1cm縫份。

1 製作表袋身

後袋身
接著襯
a（正面）
① 進行刺繡，需注意整體平衡感。
接著襯背面熨燙

① 將布片正面相對，與布片a進行接縫。份縫b製作正面相對並燙開縫。
b（正面）
接著襯
前袋身
a（正面）
b（正面）
③ 背面熨燙接著襯。

② 縫製蕾絲（各11cm）。

2 組裝表袋身

① 並分袋疏別身縫製固作口定皺處褶

② 正面相對，車縫兩側。
袋身（背面）
（正面）

③ 燙開側身的縫份，進行縮縫。
背面
側身

3 製作裡袋身

依表袋寬度於開口中心製作皺褶，作法與表袋身相同。

袋身（背面）

4 組裝

① 將表、裡袋身背面相對，沿完成線摺疊開口處疏縫固定。

裡袋身（正面）
表袋身（正面）

② 組裝口金（請見P.10）。

④ 配合袋底尺寸於袋身底邊製作皺褶，再正面相對進行縫合。

袋身（背面）
袋底（背面）

★ 完成尺寸　約長10cm×寬12cm，側身寬約5cm。

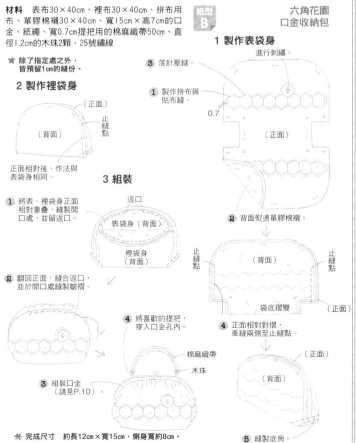
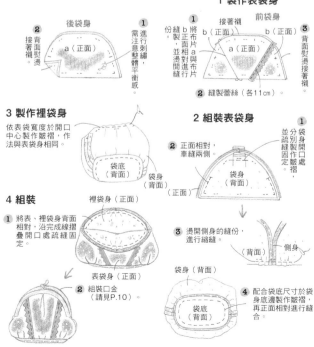

別出心裁的口金
設計上一定要
好好發揮一下

側開口金
蓬鬆收納包

斜邊珠釦設計，又被稱為「歪嘴」的口金。略帶日式風味，以素色與碎花圖案組成一款優雅的作品。特別製作小小的蝴蝶結裝飾，就像女孩的髮帶一般！
（神奈川縣／山本靖美）

使用的口金
F61／角田商店

將口金包的袋底拼接成X形，運用雙色拼接，讓愉悅氛圍更加倍。

逆玉口金收納包組

珠釦的底部呈交叉狀的「逆玉」口金，設計也相當有特色。使用亮面布料，配上花邊蕾絲，展現優雅古典美。打開口金，裡袋的圓點圖案，也顯得相當清新亮眼！（千葉縣／菊池明子）

zoom

使用的口金
11mm 逆玉／
角田商店

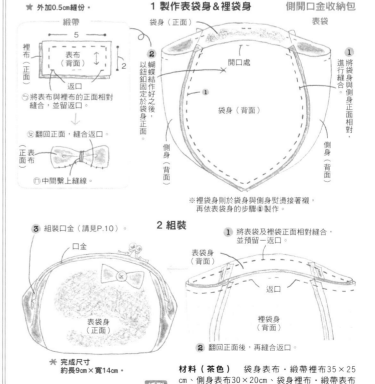

★ 外加0.5cm縫份。

緞帶

裡布
（正面）

表布
（背面）

返口

5

2

⑤將表布與裡布的正面相對縫合，並留返口。

⑥翻回正面，縫合返口。

正面 表布

⑦中間繫上縫線。

1 製作表袋身&裡袋身　　側開口金收納包

表袋

袋身（正面）

②以蝴蝶結作好之後，用鈕釦固定於袋身正面。

開口處

①

袋身（背面）

①將袋身與側身正面相對，進行縫合。

側身（背面）

側身（背面）

※裡袋身則於袋身與側身熨燙接著襯，再依表袋身的步驟①製作。

③ 組裝口金（請見P.10）。

口金

表袋身
（正面）

2 組裝

①將表袋及裡袋正面相對縫合，並預留一返口。

表袋身
（背面）

返口

裡袋身
（背面）

②翻回正面後，再縫合返口。

✻ 完成尺寸
約長9cm×寬14cm。

紙型
A

材料（茶色）　袋身表布・緞帶裡布35×25cm、側身表布30×20cm、袋身裡布・緞帶表布35×25cm、側身裡布30×20cm、接著襯35×40cm、直徑1cm的鈕釦1個、寬13cm×高6cm的口金、紙繩

18

材料 表布40×20cm、裡布40×20cm、接著襯40×20cm、寬1.5cm的蕾絲20cm、喜歡的貼布縫用布、繡線、寬12cm×高5.5cm的口金、紙繩

紙型 B

使用的口金
（大）BK-1275S #2／INAZUMA
（小）BK-775S #6／INAZUMA

★縫份外加1cm。

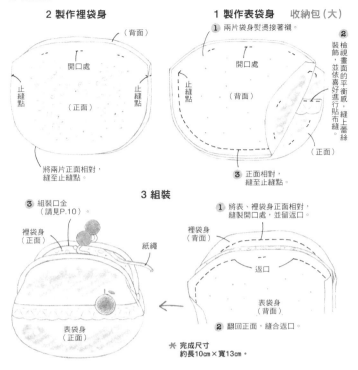

2 製作裡袋身
（背面）
開口處
止縫點　　止縫點
（正面）
將兩片正面相對，縫至止縫點。

1 製作表袋身　收納包（大）
① 兩片袋身熨燙接著襯。
開口處
止縫點
（背面）
② 檢視畫面的平衡感，並依喜好進行貼布縫，縫上蕾絲裝飾。
（正面）
③ 正面相對，縫至止縫點。

3 組裝
③ 組裝口金（請見P.10）。
裡袋身（正面）
紙繩
裡袋身（正面）
表袋身（正面）

① 將表、裡袋身正面相對，縫製開口處，並留返口。
裡袋身（背面）
返口
表袋身（背面）
② 翻回正面，縫合返口。

★完成尺寸 約長10cm×寬13cm。

大珠釦口金繽紛收納包

如水果般鮮艷漂亮的珠釦是這款口金包的主角，配上蘋果與圓點圖案，打造一整組充滿歡樂氛圍的收納包。小口金採穩定的四片接合，作為本款設計的主軸。（千葉縣／榊原幸子）

裡布使用Vivid Color的布料，搭配珠釦顏色，更是相得益彰！

材料 袋身表布25×15cm、側身表布20×15cm、裡布25×25cm、接著襯25×25cm、寬7.5cm×高4cm的口金、紙繩

紙型 B

★外加0.5cm縫份。
收納包（小）

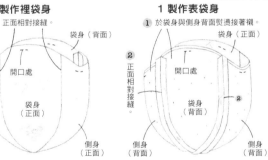

2 製作裡袋身
正面相對接縫。
袋身（背面）
開口處
袋身（正面）
側身（正面）　側身（正面）

1 製作表袋身
① 於袋身與側身背面熨燙接著襯。
② 正面相對接縫。
開口處
袋身（背面）
側身（背面）　側身（背面）

3 組裝
④ 組裝口金（請見P.10）。
裡袋身（背面）
返口
表袋身（背面）
裡袋身（正面）
紙繩
表袋身（正面）

① 開將口表處、裡袋身正面相對，縫製並留返口。
② 翻回正面，縫合返口。
③ 依口金寬度進行縮縫抽皺。

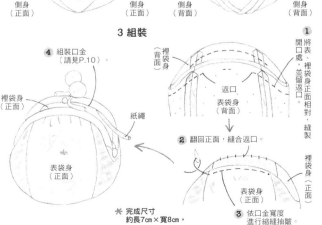

★完成尺寸 約長7cm×寬8cm。

材料（紫色） 袋身表布a25×15cm、袋身表布b・側身表布35×30cm、裡布35×30cm、單膠棉襯35×30cm、寬5.5cm的蕾絲15cm、寬0.6cm的蕾絲緞帶10cm、標籤、裝飾珠3款、寬10cm×高5.5cm的口金、紙繩

紙型 B

P.18 逆玉口金收納包組

★縫份除指定外，皆不留縫份剪裁。

2 組裝
① 將表袋身與裡袋身正面相對，縫製開口處，並留返口。
表袋身（背面）
返口
0.5
裡袋身（背面）
② 翻回正面，並縫合返口。
③ 組裝口金（請見P.10）。
口金
表袋身（正面）

1 製作表袋身&裡袋身
① 將布片a與布片b正面相對接縫，並縫上蕾絲。
0.5
表袋身
開口處
0.5
蕾絲
③ 須縫上標籤須注意畫面與緞帶的平衡感。
b　裝飾珠　緞帶　a
前袋身（正面）
標籤
② 熨燙接著襯。
●以同一片布料，依步驟②之作法，製作後袋身。
整理緞帶形狀縫製裝飾珠加以固定
a　後袋身（正面）
0.5
※依表袋身的步驟製作裡袋身（不需熨燙接著襯）
0.5
前袋身（背面）
側身（背面）
④ 先於側身背面熨燙接著襯，再與袋身正面相對縫合。

★完成尺寸 約長11.5cm×寬12cm、側身寬約7cm。

以 **方形 口金** 製作的 **口金包**

基本款 側身口金包

替口金包加上側身，不僅容量變大，使用起來更加方便，同時也能延伸了拼布的樂趣。如果使用方形口金，只要將接縫對準口金的邊角即可，可以輕鬆容易的製作，真是讓人太開心啦！。這裡縫上了蒂羅爾繡帶，更添了些許鄉村風。（神奈川縣／鈴木ふくえ）

側身與袋底為一體成形的「連底側身」

以單一片布料製作連接側身與袋底的「連底側身」。袋身的形狀因為外撐而顯得渾圓可愛。

連底側身款式的製作Lesson 請見P.22

連底側身款

使用的口金 CH-118 BN／ 高木纖維

方形口金
arrange ❶

作成連底側身款之後……

選用窄款方形口金製作「連底側身」收納包，造型圓滾滾的好可愛。以清爽的碎花布拼接格紋布料，整體散發嬌柔可愛的氣息。（神奈川縣／鈴木ふくえ）

連底側身款

使用的口金
BK-771／INAZUMA

側身與袋底拼接成「連底側身」

以兩片側身連接袋底的「連底側身」，其側身的形狀對於口金包的造型有很大的影響。

● 作法請見P.23

於袋口加上鬆緊帶，花了好些功夫，使內容物不會露出來。後袋身縫上了小口袋，可放入小包面紙，使用更方便了！

方形口金
arrange ❷

表袋身外側的小心機

以寬幅的口金製作大容量收納包。袋蓋下藏有一個方便的口袋！色彩鮮豔的北歐風布料配上灰色，明與暗對比更是好看。（埼玉縣／平松千賀子）

連底側身款式

使用的口金
F1650／Az-net手工藝

● 作法請見P.30

以方形口金製作基本款連底側身口金包吧！

若覺得組裝口金時，不易保持水平，那就試著從容易平衡的方形挑戰看看吧！
口金包的袋身縫上「側身」，不僅容量大，其方便度亦不容小覷！

製作指導：鈴木ふくえ（Little Marvel）

連底
側身款

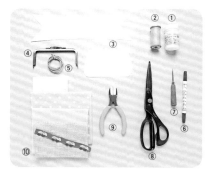

紙型 A

材料＆工具

①手工藝用接著劑　②縫線　③紙型　④約寬12.5cm×高5.5cm的口金　⑤紙繩　⑥記號筆　⑦尖錐　⑧剪刀　⑨平口鉗　⑩袋身表布20×25cm、側身表布15×35cm、裡布30×35cm、接著襯60×35cm、蒂羅爾繡帶

※為便於說明，部分縫線的顏色略有不同。

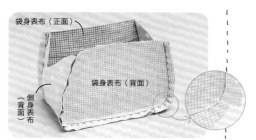

袋身表布（正面）
袋身表布（背面）
側身表布（背面）

7 於完成線外0.2cm處進行疏縫後，車縫完成線。裡袋身作法亦同，取下疏縫線後，於底部圓弧處，剪出牙口。

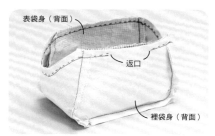

表袋身（背面）
返口
裡袋身（背面）

8 將表袋身翻回正面，與裡袋身正面相對重疊。保留返口，並於距離開口完成線0.2cm處進行疏縫，車縫完成線。

point 於圓弧處剪牙口。

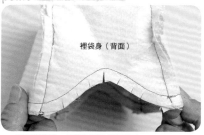

裡袋身（背面）

9 取下疏縫線，於側身圓弧處剪牙口。

0.2cm
表袋身（正面）

10 由返口翻回正面，整理返口處縫份，並於開口周圍進行車縫。車縫時請盡量靠近開口邊，以便於將針趾藏於口金中，如此袋身便完成了！嵌入口金，確認形狀是否吻合。

袋身裡布　袋身表布
側身裡布　側身表布
袋身裡布　袋身表布

4 剪裁兩片袋身表布、一片側身表布、兩片袋身裡布，與一片側身裡布。

袋身表布（正面）

5 取一片袋身表布，縫上蒂羅爾繡帶，要注意水平線喔！

point 於袋底邊角，等距地插入珠針。

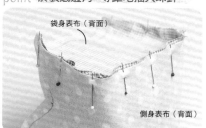

袋身表布（背面）
側身表布（背面）

6 將袋身與側身的表布正面相對，對齊記號點以珠針加以固定。由於需要於袋底邊角取得弧形，因此請平均插置珠針加以固定，以取得形狀。

---

1 製作袋身

表布（正面）

1 於表布、裡布的背面熨燙接著襯。使用熨斗以低溫，由布料面開始熨燙（請見P.10步驟1-①）。

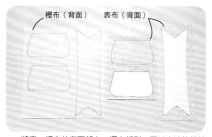

裡布（背面）　表布（背面）

2 將表、裡布的背面朝上，擺上紙型。再以水消筆描繪完成線。紙型預留縫份（0.7cm）的空間。用於對齊側身與袋身的對齊記號，也需一併標註。

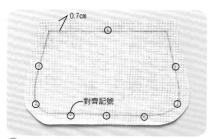

0.7cm
對齊記號

3 外加縫份之後，再進行裁剪。

3 最後修飾

① 以平口鉗輕輕將口金側身夾扁，也可使用市售的口金專用平口鉗，如果以一般平口鉗作業，請使用墊布，以免造成口金損傷。

完成！

② 將手伸入袋中，撐開側身以調整形狀，組裝吊飾後就完成了！
※ **完成尺寸** 約長7.5cm×寬13cm、側身約7cm

arrange ①
連底側身款 裁布圖

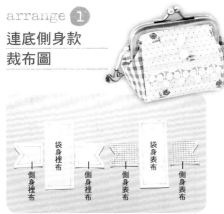

「連底側身款」的布料裁剪，作法如上圖。可清楚看到，與步驟1-❹不同的地方。

開口處

鈕釦 1.5 3.7
1.5

蕾絲

袋身表布（正面）

接著襯

開口處

紙型 A

材料
袋身表布10×25cm、側身表布20×10cm、裡布‧接著襯各20×25cm、寬2cm的蕾絲10cm、直徑0.8的鈕釦2個、吊飾1個、約寬7.5cm×高4cm的口金、紙繩

※ **完成尺寸** 約長6.5cm×寬6.5cm、側身寬約5cm

蕾絲鈕釦組裝法
於步驟 1-❺，縫上蕾絲與鈕釦。

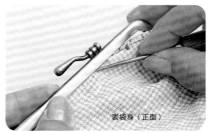

表袋身（正面）

⑤ 製作過程中，須從外側反覆確認對齊再壓入，如此一來口金會更加工整美觀。

point 確實壓入口金的邊角。

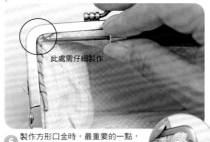

此處需仔細製作

⑥ 製作方形口金時，最重要的一點，便是確實將紙繩壓入邊角。將袋身與側身的接縫處壓入邊角後，再將紙繩全部壓入口金。

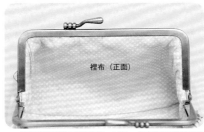

裡布（正面）

⑦ 這是單側剛完成的狀態。於另一側的溝槽塗抹接著劑，再將袋身壓入。整體完成之後，若還有空隙，可再壓入一條紙繩（請見P.11的步驟 2-❺）。

point 使接著劑乾燥。

⑧ 將口金打開靜置數小時，若時間充裕可靜置半日至一日，使接著劑確實乾燥。

---

2 將口金組裝於袋身

① 先把紙繩輕輕攤開。市售紙繩大多偏扎實，攤開之後較為厚軟，便於壓入口金。

point 將紙繩縫製於開口周圍。

1cm

② 將紙繩修剪為比止縫處短1cm，並縫製於裡袋身的開口周圍。透過修剪長度，使布料更容易插入口金。

③ 於尖錐前端沾上接著劑，塗於口金的溝槽。注意勿塗抹過多。

point 從中心點開始逐一壓入。

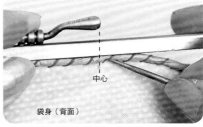

中心

袋身（背面）

④ 先對齊袋身與口金的中心，再以尖錐將布料逐一壓入溝槽。之後往左、右兩側壓入布料，使邊緣均勻的收入溝槽。

材料（水色）　袋身表布20×15cm、側身表布20×15cm、裡布15×25cm、厚質接著襯15×25cm、寬2.5cm的蕾絲15cm、直徑1cm的鈕釦2個、寬7.5cm×高3cm的口金、紙繩

紙型 A

使用的口金
武田女士的私藏

★ 除了指定處之外，皆預留0.7cm的縫份。

2 製作裡袋身

② 正面相對對摺，
縫製兩側。

（正面）

（背面）

摺雙

③ 對準對齊記號進行縫製，製作底角。

側身

（背面）

1 製作表袋身

① 熨燙厚質接著襯。
不留縫份直接裁剪。
（開口處）

袋身
（背面）

① 將蕾絲縫於側身。
不留縫份直接裁剪。（開口處）

側身
（背面）

剪牙口

② 將袋身與側身正面相對，從↑縫至↑。

③ 將縫份倒向同一方向。

袋身
（背面）

側身
（正面）

袋身（正面）

側身
（正面）

④ 縫上鈕釦

3 組裝

① 將表、裡袋身背面相對，車縫開口周圍。

0.3

② 組裝口金
（請見P.22）。

裡袋身
（正面）

表袋身
（正面）

③ 組裝口金
（請見P.22）。

裡袋身
（正面）

紙繩

尖錐

表袋身
（正面）

※ 完成尺寸
約長7.5cm×寬6.5cm、
側身寬約4.5cm。

碎花＆格紋布的方形收納包

這款清爽的收納包，是以同色系的花紋與格紋拼接而成，與銀色口金搭配也相當適合。由於這款口金包的圖案面積較大，更能展現甜美的圖案，搭配若隱若現的寬幅蕾絲裝飾，氣質加倍！ （茨城縣／武田英里）

以兩款不同的碎花布搭配格紋，透過拼接，袋底變得相當熱鬧！裡布則大膽選用了明亮鮮豔的印花布。

大象先生收納包

看到這款收納包，真讓人想裝滿點心散步去。可愛的大象臉，孩子們看見一定會超開心。立體的長鼻子與花布製作的大耳朵，每一片布料都充滿媽媽的愛心。
（福岡縣／前田惠美子女士）

使用的口金
前田女士的私藏

打開口金，圓球裝飾帶上出現了一顆蘋果！令人驚喜的立體吊飾相當特殊喲！

24

材料 表布a20×30cm、表布b用別針10×30cm、裡布用合皮25×30cm、寬6.5cm蕾絲30cm、串珠6種、1.1cm徑花形鈕釦1個、25號繡線、金蔥線、寬15cm×高5.8cm壓克力口金、紙繩

★ 除了指定處之外，皆預留1cm的縫份。

復古風格口金收納包

1 製作表袋身＆裡袋身

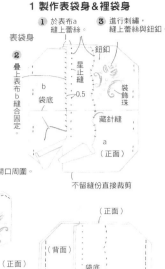

① 於表布a縫上蕾絲。
② 疊上表布b縫合固定
③ 進行刺繡，縫上蕾絲與鈕釦。

表袋身
b
袋底
a（正面）
鈕釦
星止縫
0.5
裝飾珠
藏針縫
不留縫份直接裁剪

2 組裝

① 將裡袋身裝入表袋身內，縫合開口周圍。

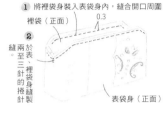

裡袋（正面） 0.3
② 縫兩於至表、裡袋身縫合三針的捲針製
表袋身（正面）

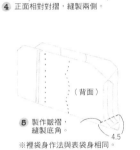

③ 正面相對對摺，縫製兩側。
（正面）
（背面）
袋底摺雙

⑤ 製作皺褶，縫製底角。
4.5
※裡袋身作法與表袋身相同。

③ 組裝口金（請見P.22）。

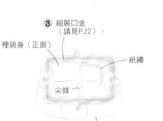

裡袋身（正面）
紙繩
尖錐
表袋身（正面）

※ 完成尺寸
約長12cm×寬16cm、側身寬約4.5cm。

復古風格口金收納包

以羊毛、棉絨等高級素材，配上糖果色的壓克力口金，真是絕妙的搭配。就像母親結婚禮服的蕾絲，散放出存在感。北歐風的刺繡，增添幾許華麗。
（北海道／森本繭香）

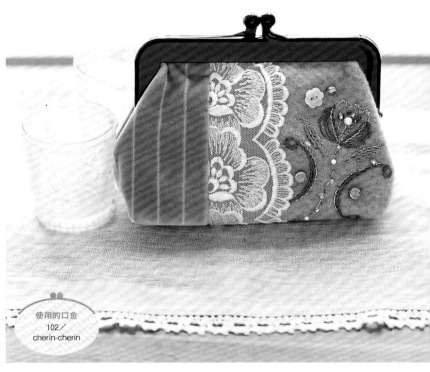

使用的口金
102／cherin-cherin

材料 表布・耳朵・鼻子用起絨質地布料40×30cm、裡布40×20cm、鼻尖・貼布縫用布10×10cm、接著襯40×30cm、臉頰用的毛氈布、（眼睛用）直徑1cm的鈕釦2個、蘋果形狀的鈕釦、圓球裝飾帶15cm、蕾絲片、蘋果用的棉線2款、棉花、吊繩、寬7.5cm×高3.5cm的口金、紙繩、4/0號的鉤針。

★ 除了指定處之外，皆預留0.7cm的縫份。

P.24
大象先生收納包

1 製作耳朵＆鼻子

鼻子
① 將鼻子正面相對，對摺縫製。
鼻尖（背面）
鼻子（背面）
② 將鼻子與鼻尖，正面相對縫合，再翻回正面。

③ 將兩片正面相對縫合，並留返口，再翻回正面。
返口
（背面）
●共製作兩個

耳朵
① 兩片熨燙接著襯。
（正面）0.3
（正面）
② 其中一片製作貼布縫。

3 製作裡袋身

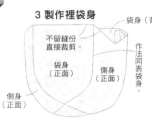

不留縫份直接裁剪
袋身（背面）
袋身（正面）
側身（正面）
作法同表袋身

2 製作表袋身

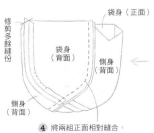

① 對摺鼻子正面相對，對摺縫製。
② 將兩片疏縫於其中一片袋身。
不留縫份直接裁剪
袋身（正面）
袋身（背面）
側身（背面）
袋身（背面）
側身（背面）
③ 將袋身與側身正面相對縫製。
●共製作兩個
④ 將兩組正面相對縫合。
修剪多餘縫份

4 組裝

② 將表、裡袋身背面相對，開口處進行拷克。

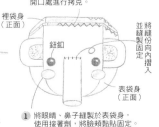

將縫份向內摺疊並縫製固定
裡袋身（正面）
鈕釦
表袋身（正面）
① 將眼睛、鼻子縫製於表袋身，使用接著劑，將臉頰黏貼固定。

③ 組裝口金（請見P.22）。
蕾絲片

④ 縫上絨毛球裝飾帶、蘋果造型鈕釦與蕾絲片，須注意畫面平衡感喲！

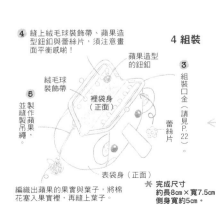

蘋果造型的鈕釦
絨毛球裝飾帶
裡袋身（正面）
⑤ 並縫製作蘋果吊繩
表袋身（正面）

※ 完成尺寸
約長8cm×寬7.5cm、側身寬約5cm。

編織出蘋果的果實與葉子，將棉花塞入果實裡，再縫上葉子。

長方形
收納包

俵形
收納包

收納實用小物
便利度最高的
當然是長方形囉！

長方形 &
俵形收納包 2款

雖說是方形口金，但造型卻是琳瑯滿目。開口張得大大的長方形，採縱向開闔，容易取物，作為鉛筆盒相當實用。「連底袋身款」的圓形收納包，可用於收納化妝品等小物。
（千葉縣／工藤佐知子）

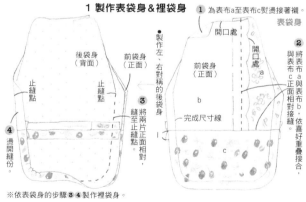

使用的口金
（長方形）25-12／
まつひろ商店
（俵形）CH-112 BN／
高木纖維

寬敞的開口設計，使裡布也看得一清二楚。表布展現嬌柔可人的形象，而裡布則以簡潔線條均衡溫柔的形象。

材料　袋身表布20×30cm、側身表布25×15cm、貼布縫用布10×30cm、裡布35×30cm、寬2cm的蕾絲60cm、直徑1.5cm的鈕釦3個、寬17cm×高5cm的口金、紙繩

紙型 **B**

★ 除了指定處之外，皆預留0.5cm的縫份。

俵形收納包

1 製作表袋身&裡袋身

③ 將袋身與側身正面相對，進行縫製。

縫至記號處

※裡袋身的縫製方式，與步驟③相同。

袋身（正面）
開口處
袋身（背面）
側身（正面）
側身（背面）

表袋身

不留縫份直接裁剪

袋身（正面）
0.3
開口處
0.5

① 疊上貼布縫用布，進行縫製。

② 於疊上貼布縫用布兩側，進行縫製。

貼布縫用布（正面）
開口處
蕾絲（正面）

2 組裝

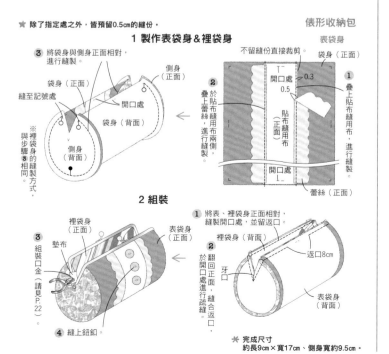

③ 組裝口金（請見P.22）。

裡袋身（正面）
墊布
表袋身（正面）

④ 縫上鈕釦。

① 將表、裡袋身正面相對，縫製開口處，並留返口。

② 翻回正面，於開口處進行疏縫。

裡袋身（背面）
牙口
返口8cm
表袋身（背面）

★ 完成尺寸
約長9cm×寬17cm、側身寬約9.5cm。

★ 除了指定處之外，皆不留縫份直接裁剪。

長方形收納包

1 製作表袋身&裡袋身

① 為表布a至表布c燙燙接著襯。
表袋身

後袋身（背面）
前袋身（正面）
開口處
止縫點
止縫點
前袋身（正面）

製作左、右對稱的後袋身

② 縫將兩片正面相對，縫至止縫點。

④ 燙開縫份。

開口處
b
完成尺寸線

② 將表布a與表布b正面相對接縫。

① 與表布c正面相對接縫，依喜好重疊接合，

c

※依表袋身的步驟③④製作裡袋身。

2 組裝

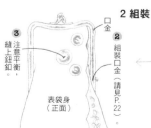

③ 縫上鈕釦。
注意平衡
口金
表袋身（正面）

② 組裝口金（請見P.22）。

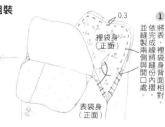

① 將表、裡袋身背面相對，依完成線將縫份兩側並縫製，並將開口處縫份內摺，
0.3
裡袋身（正面）
表袋身（正面）

★ 完成尺寸
約長19cm×寬7.5cm。

材料　表布a 20×20cm、表布b用的蕾絲質地布料30×20cm、表布c 20×20cm、裡布35×25cm、接著襯40×30cm、喜歡的鈕釦3款、寬7.5cm×高10cm的口金、紙繩

紙型 **A**

26

長方形刺繡眼鏡盒

這款長方形眼鏡盒，靈感來自旅途隨身攜帶
的眼鏡。無側身的扁平款式，收納於包包
內，並不會太占空間。於基底布料上製作手
工刺繡，相當吸睛呢！
（北海道／若土もえ）

裡布採壓線彈性布料製作，有助於
保護眼鏡。不建議使用棉襯啦！

使用的口金
CH-110 AS／
高木纖維

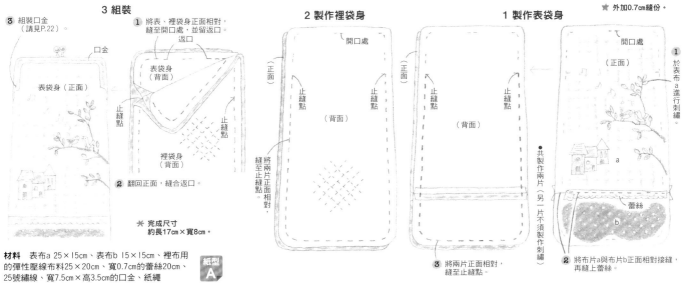

★ 外加0.7cm縫份。

3 組裝

3 組裝口金
（請見P.22）。

口金

表袋身（正面）

止縫點

❶ 將表、裡袋身正面相對，
縫至開口處，並留返口。

返口

表袋身
（背面）

止縫點

止縫點

裡袋身
（背面）

❷ 翻回正面，縫合返口。

❉ 完成尺寸
約長17cm×寬8cm。

2 製作裡袋身

開口處

（正面）

止縫點

止縫點

（背面）

縫至止縫點。

將兩片正面相對，

❸ 將兩片正面相對，
縫至止縫點。

1 製作表袋身

（正面）

開口處

（正面）

止縫點

止縫點

❶ 於表布
a進行刺
繡。

●共製作兩片
（另一片不須
製作刺繡）

a

蕾絲

b

❷ 將布片a與布片b正面相對接縫，
再縫上蕾絲。

材料 表布a 25×15cm、表布b 15×15cm、裡布用
的彈性壓線布料25×20cm、寬0.7cm的蕾絲20cm、
25號繡線、寬7.5cm×高3.5cm的口金、紙繩

紙型
A

組裝口金的方法
達人祕技 & 超好用小物
不藏私

如何才能輕鬆製作漂亮的口金包呢？——。像熱愛口金包的達人們一樣，努力地鑽研吧！
在此與大家分享目前最受歡迎且讓人驚豔的好點子！

於口金上塗抹接著劑 ←   製作袋身

這樣塗抹接著劑更簡單

便利小物 1「針頭接著劑」

極細的針頭接著劑，適用於口金細的溝槽。斜放款式，要用的時候就能立即擠出，相當方便。／Clover

「還能以自己的方法加工，將接著劑的開口斜切」（山）

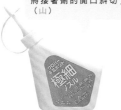

「用於擠入小口金的溝槽，真是方便啊！」（平）

便利小物 2 冰淇淋小木杓

「我喜歡用它來抹開溝槽內的接著劑。拋棄式的木杓真的很方便！ 而且，作業時一邊沾水，延緩接著劑的乾燥速度，就能有充裕的時間製作了！」（菊）

當紙繩不夠長時……

便利小物 3
39元商店的包裝繩

「大容量包裝非常划算！需要大量製作口金包時，也很方便」（平）

「紙捻繩搓得相當紮實，因此需鬆開重搓。沾上足量的接著劑，將紙捻繩攤放於溝槽裡，感覺黏得更加牢固。」（鳥）

如果想作得更好看……

達人祕技 1 將返口安排於裡袋身底邊，開口處就會顯得整齊美觀了！

「由於開口處的弧度比較大，將袋身翻回正面時，返口容易有歪斜的情形。但由外面無法窺見裡袋，因此只要將返口安排於此處，開口附近就會很好看囉！」（長）

將表、裡袋身正面相對，縫製開口處，從底邊返口翻回正面。

將裡布正面相對縫製之前，請先於袋底預留返口。

達人祕技 2 縫製開口處之後，接著縫製底邊，就更容易對齊止縫點了！

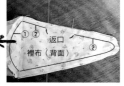

翻回正面時，可以看見止縫處重疊得很好看。

這是四片布，拼接於止縫點的樣子。

將前、後袋身的表布‧裡布分別正面相對齊①，縫製開口處。再作一份②①，攤開之後，將表、裡布分別正面重疊，縫製下方，並留返口。

雖然只是一個小改變，但是將這個從鉚釘能窺見的部分，作得整齊好看，自己心情也會很愉快。製作小型的口金包更是推薦此技法。（清）

第一次使用的口金……

達人祕技 3 將口金暫時固定於袋身確認是否平衡

zoom

「運用首次使用的、珍藏的、這些不容許任何失誤的口金製作包款時，可以接著劑或以疏縫線暫時固定，就能製作出作品的大概樣貌，再以此為基準微調。」

口金協力／高木纖維〈CH-106 AS〉

這是本書的六位老師！

責任編輯 島
手作資歷10年。正在思考如何把購自法國跳蚤市場的古董口金，運用於作品當中。

菊池明子女士
手作資歷7年。擅長創意手作品，並有於《cotton time》指導讀者的經驗。

山本靖美女士
手作資歷6年。Liberty print的超級粉絲，對於瀟灑的拼布風格相當拿手，目前經營人氣部落格。

平松千賀子女士
手作資歷30年。於特賣會展出的作品，僅數分鐘就售罄，獲得相當好評。

清水友美女士
手作資歷14年。可愛的布料、工整的樣式，就像是清水小姐給人的感覺。

長谷川久美子女士
手作資歷24年。其作品完成度相當高，於《cotton time》雜誌也很受歡迎。在本書中製作了許多別出心裁的口金包。

最後修飾

將口金組裝於袋身

接著劑溢出也沒關係♪

達人秘技 6
以濕抹布來擦除接著劑！

「口金若沾到接著劑，以濕抹布加以擦拭，就會擦得很乾淨。」（菊）

「袋身若沾到接著劑，以濕抹布輕點、吸附。乾了之後就會很乾淨。」（山）

達人秘技 7
以洗衣夾固定袋身與口金！

「當袋身使用的是有重量，且容易滑脫的布料時，就是洗衣夾出動的時候了！」（菊）

最後修飾就靠這些

達人秘技 8
以墊布加以保護以免傷到口金！

最後的階段若使口金受到傷害，那就太可惜了！墊上墊布，從上而下輕輕地夾住。（山）

便利小物 8
口金包專用修飾鉗

目前最新的發明！附有緩衝材質的平口鉗，有了它就不需要墊布了唷！／高木纖維

「作業時看得見壓扁處，真是方便！有時需要因應市集需要大量製作的活動時，這款工具真的幫了我很大的忙。」（島）

縫製時勿讓口金滑脫

達人秘技 5
將紙繩先壓入兩側並加以固定

「要將袋身嵌入口金時，我個人屬於從兩側開始進行的那一派。與紙繩一起嵌入之後先行固定，感覺中間也就不容易滑脫了！」（山）

達人秘技 4
以紙膠帶固定單側進行作業

「組裝口金的時候，由於材料的重量袋身有時容易滑脫。這時以紙膠帶，先將另一側袋口固定於口金上，製作上就會方便許多。」（島）

以這些工具進行壓入就會非常順利

zoom

便利小物 4
彎頭尖錐

新產品也很方便！

於車縫送布，以及作出弧形時使用。進行嵌入口金作業時，請以彎頭的反面操作。／Clover

丸型尖錐

zoom

「不用擔心戳到手指頭，可讓人非常放心地使用。用於塑膠布時，更是方便。」（長）

多用於「白玉拼布」等製作。尖錐的前緣呈球狀。此款尖錐不易劃損縫線，因此不會傷及布料。／Clover

便利小物 6
壓插器

一端是小勺子，另一端前緣則呈尖銳狀。用於塑膠模型或黏土細工……等。

「開始以勺子端壓入布料與紙繩，再以尖銳的部分進行細工，各以不同的部位作業。」（菊）

便利小物 5
口金專用填塞器

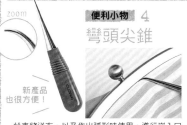

一款口金專用的工具，以橡膠處撐住口金，L型前緣，則用於將袋身與紙繩壓入溝槽。／高木纖維

「只要能抓住要領，作業時就能駕輕就熟，相當方便。」（平）

「使用稍細的一字起子，可便於插入口金與袋身之間。比起尖錐更是安全，對初學者來說也比較適合。」（長）

便利小物 7
一字起子

● P.9
長形三角底收納包作法

材料 表布a 20×20cm、表布b 25×20cm、裡布35×20cm、接著襯 40×20cm、寬1.8cm的蕾絲20cm、寬10cm×高5cm的口金、紙繩

紙型 A

★ 縫份外加1cm。

1 製作表袋身 & 裡袋身

1 於表布a與表布b的背面分別熨燙接著襯。 表袋身

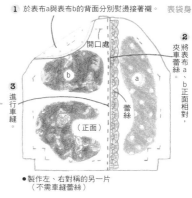

2 將表布a、b正面相對，夾車蕾絲。

3 進行車縫。

蕾絲
（正面）

開口處
b
a
蕾絲
（正面）

● 製作左、右對稱的另一片（不需車縫蕾絲）

2 組裝

1 將表、裡袋身正面相對，縫製開口處，並留返口。

返口
止縫點
表袋身（背面）
返口
止縫點
裡袋身（背面）

2 圓弧處剪牙口，翻回正面後再縫合返口。

（正面）

（背面）

止縫點

5 縫製底角。

（背面）

4 將兩片正面相對，縫製側身與袋底，側身僅縫至止縫點。

※以同款布料，依表袋身的步驟 4 5 製作裡袋身。

3 組裝口金（請見P.10）。

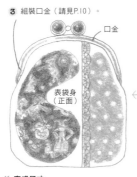

口金

表袋身（正面）

※ 完成尺寸
約長12cm×寬10cm、側身寬約2.5cm。

材料 袋身表布・側身表布・前口袋40×40cm、袋蓋表布・後口袋A・B 40×25cm、袋身裡布・側身裡布40×30cm、袋蓋裡布20×15cm、單膠棉襯40×30cm、寬2cm的皺褶蕾絲20cm、寬0.5cm的鬆緊帶15cm、寬16.5cm×高5cm的口金、紙繩

紙型 A

● P.21
附外口袋口金包作法

★ 除了指定處之外，皆預留1cm的縫份。

1 製作袋蓋

1 將皺褶蕾絲（20cm）疏縫固定。

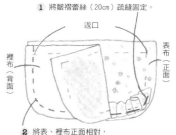

返口
裡布（背面）
表布（正面）

2 將表、裡布正面相對，保留返口進行縫製。

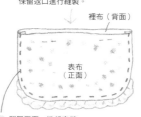

裡布（背面）

表布（正面）

3 翻回正面，進行車縫。

4 製作表袋身與裡袋身

1 側身背面熨燙單膠棉襯。

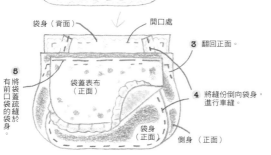

袋身（正面）
側身（背面）
表袋身

2 將袋身與側身正面相對，進行縫製。

開口處
袋身（背面）

3 翻回正面。

4 將縫份倒向袋身，進行車縫。

袋身（背面）
開口處
袋蓋表布（正面）
袋身（正面）
側身（正面）

5 將袋蓋疏縫於有前口袋的袋身。

※依照步驟 2 製作裡袋（不需單膠棉襯）

3 翻回正面，並縫合返口。

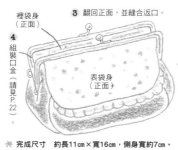

裡袋身（正面）
表袋身（正面）

4 組裝口金（請見P.22）。

※ 完成尺寸 約長11cm×寬16cm，側身寬約7cm。

2 製作前口袋並縫製於袋身

1 將袋口三摺邊之後，再進行車縫。

口袋之袋口
（背面）

袋口
前口袋（背面）
鬆緊帶

2 穿入鬆緊帶（14cm），將兩側暫時固定。

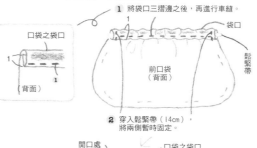

開口處
袋身表布（正面）
口袋之袋口
前口袋（正面）
於袋身熨燙單膠棉襯。

4 將前口袋疏縫固定於袋身上。

5 組裝

1 將表、裡袋身正面相對，縫製開口處，並留返口。

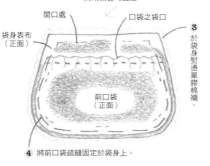

表袋身（背面）
返口
裡袋身（背面）

2 於側身的V形處剪牙口。

3 製作後口袋
縫製袋身

1 於袋身熨燙單膠棉襯。

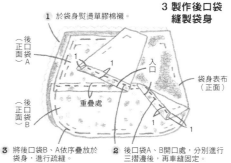

（後正面口袋A）
（後正面口袋B）
入口
重疊處
袋身表布（正面）

2 後口袋A、B開口處，分別進行三摺邊後，再車縫固定。

3 將後口袋B、A依序疊放於袋身，進行疏縫。

30

以特殊造型口金
製作口金包吧！

口金除了圓形與方形之外，還有其他各種特殊的造型。
有便利性高、可以分層收納的款式，也有可將名片或卡片，聰明地加以收納的款式，
這些花式口金的設計靈感，都是擷取於自生活中的點點滴滴，
論方便度當然不在話下，但設計感也是令人驚艷唷！
待熟悉作法之後，一定要試著挑戰一下！

雙層款 口金包

L 形款 口金包

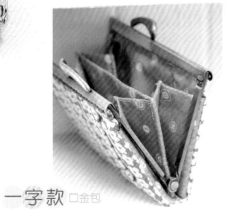

一字款 口金包

手縫款 口金包

手縫款 口金包

這款口金框有穿線用的小孔，因此可將口金縫於袋身固定。由於未使用紙繩與接著劑，以純手工縫製，使得口金包更加牢固耐用，即使拆線重作也很開心呢！

使用的口金
BK-774／
INAZUMA

刺繡織帶
自然風收納包

以基礎亞麻布與刺繡織帶為素材，製作出這款清爽迷你的收納包。選用深藍色的蠟線作為縫線，不僅縫得相當結實，略粗的線條，也讓收納包更有層次感。（神奈川縣／鈴木ふくえ）

open

口金邊緣
完全看不見縫線

這款口金的表、裡深度不同，因此框內可以看得見縫線。

★ 外加0.7cm縫份。

材料 表布25×15cm、裡布25×15cm 、單膠棉襯25×15cm、接著襯25×15cm、寬2.5cm的布條25cm、寬7cm×高3.5cm的口金（手縫款）、較粗的縫線、吊飾

紙型
A

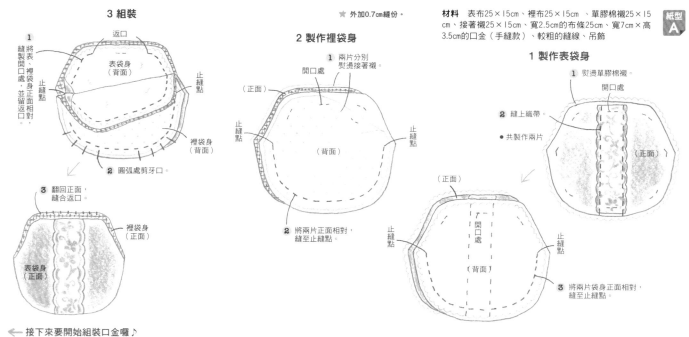

3 組裝

1 將表、裡袋身正面相對，縫製開口處，並留返口。

返口

表袋身（背面）

止縫點

止縫點

裡袋身（背面）

2 圓弧處剪牙口。

3 翻回正面，縫合返口。

止縫點

裡袋身（正面）

表袋身（正面）

2 製作裡袋身

1 兩片分別熨燙接著襯。

開口處

（正面）

止縫點

止縫點

（背面）

2 將兩片正面相對，縫至止縫點。

1 製作表袋身

1 熨燙單膠棉襯。

開口處

2 縫上織帶。

● 共製作兩片

（正面）

（正面）

止縫點

止縫點

開口處

（背面）

3 將兩片袋身正面相對，縫至止縫點。

← 接下來要開始組裝口金囉♪

32

arrange

即使是
滿滿的皺褶
也能縫得牢固

中間也可加入
裝飾珠

縫製口金時，同時穿入裝飾珠，正是這款口金才有的漂亮手法。

白雪公主
抓皺收納包

尚無接著劑的年代，就已經有手縫款口金的存在，距今也有很長的一段歷史了。這款古典式口金包，著實能讓人感受當時的氛圍，也唯有這款口金，才能將這些浪漫的皺褶，牢牢地固定。（埼玉縣／平松千賀子）

2 組裝　　★外加1cm縫份　　1 製作表袋身＆裡袋身

1 將表袋身與裡袋身正面相對，縫製開口處，並留返口。

3 將布片c疊於其中一片上，疏縫固定。

表袋身

2 熨燙接著襯。

返口

止縫點
止縫點

表袋身（背面）

裡袋身（背面）

運用布邊的荷葉

開口處

c

4 製作皺褶之後，進行疏縫。

0.4cm
直徑

前袋身（正面）

將布片a與布片b正面相對接縫。

b

裡袋身（正面）

2 翻回正面，縫合返口。

0.3

表袋身（正面）

6 將蕾絲重疊於縫線上，並縫上裝飾珠。
※依照步驟 1 2 4 的作法，製作後袋身。

5 將蕾絲片與裝飾珠一併縫製固定，縫製時記得注意畫面平衡。

3 於開口處進行縮縫，並依口金寬度製作皺褶。

約完成尺寸
約長12cm×寬13cm，側身寬約15cm

表袋身（正面）

開口處

止縫點
止縫點

後袋身（背面）

4 依表袋身的步驟製作裡袋身（不需棉襯）。

前袋身（正面）

※依表袋身的步驟 4 7，製作裡袋身（不需棉襯），組裝口金，將裝飾珠和珍珠縫上。

3 同右側將直徑0.3cm的裝飾珠縫上。

7 將前袋身與後袋身正面相對，縫至止縫點。

材料 表布a‧c 45×25cm、表布b 25×25cm、裡布45×25cm、單膠棉襯45×25cm、寬1.5cm的蕾絲線25cm、直徑1.5cm的蕾絲片 7 個、直徑0.4cm的珍珠17顆、直徑0.3cm的珍珠44顆、寬13cm×高5cm的口金（手縫款）、縫線

紙型 B

※為便於解說，部分以不同顏色的縫線縫製。

6 由於只有口金外側才看見縫孔，因此入針時請留意表布側。以平針縫來回縫製一圈。

7 此為縫至邊緣的狀態。

8 接著觀察外側，一邊進行回針，一邊補滿縫線間的間隙。

9 這是單側完成的狀態。另一側作法亦同，完成後拆除疏縫線，不需再以平口鉗夾扁。

完成！

※ 完成尺寸　約長8.5cm×寬10cm。

組裝
手縫款口金

請留意縫針的粗細
是否適合口金的縫孔

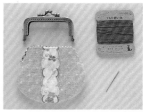

1 準備略粗的縫線（本次使用蠟染線）與刺繡用（穿針孔較大）的縫針。請預先確認縫針與縫線，是否適合口金的縫孔。

2 將袋身嵌入口金。先將袋身中心壓入口金中間。

3 確認整體都壓置完成之後，以疏縫線將袋身與口金暫時固定。

先進行疏縫
縫製時就會很順手

4 需要固定的部分，有珠釦下方、口金邊角與兩側的鉚釘附近……等共計十處。

5 一邊留意裡布，一邊進行縫製。

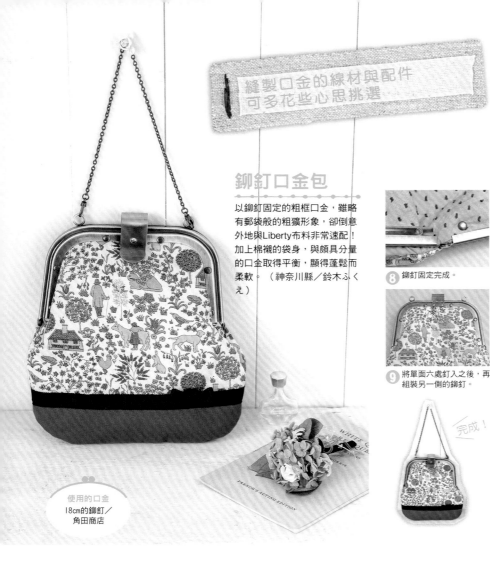

縫製口金的線材與配件
可多花些心思挑選

鉚釘口金包

以鉚釘固定的粗框口金，雖略有郵袋般的粗獷形象，卻倒意外地與Liberty布料非常速配！加上棉襯的袋身，與頗具分量的口金取得平衡，顯得蓬鬆而柔軟。（神奈川縣／鈴木ふくえ）

使用的口金
18cm的鉚釘／
角田商店

④ 移開口金，以尖錐鑿孔，由於單膠棉襯稍厚，請確實鑿穿，免得孔洞被棉襯遮蔽。

⑤ 將口金再一次組裝於袋身，由表袋身插入鉚釘（公）。

⑥ 將表袋身朝下置於底台上，從裡袋身側嵌入鉚釘（母）。

⑦ 將"打具"垂直抵住鉚釘，再以鎚子輕輕敲打。

⑧ 鉚釘固定完成。

⑨ 將單面六處釘入之後，再組裝另一側的鉚釘。

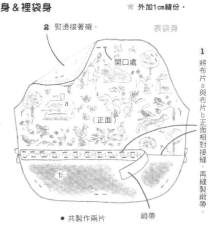

完成！

組裝鉚釘的作法

① 工具：底台、打具、槌子。
材料：鉚釘12組（公釦（長腳）與母釦（短腳）為1組）。

② 將袋身與鉚釘款口金備妥。

③ 將口金組裝於袋身，於鑿孔處製作記號。由於口金的溝槽較深，請確實嵌入。

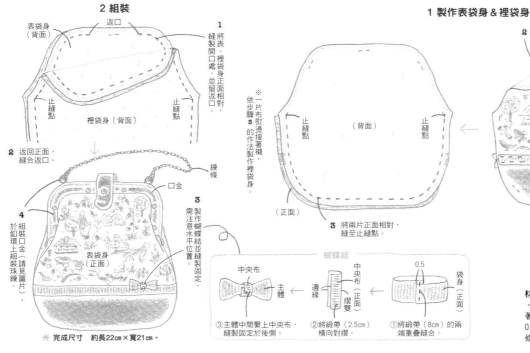

2 組裝

表袋身（背面）
返口
裡袋身（背面）
止縫點
止縫點

1 將表、裡袋身正面相對，縫製開口處，並留返口。

2 返回正面，縫合返口。

錬條
口金
表袋身（正面）

4 於組裝口金的釦環上組裝珠錬（請見圖片）。

製作蝴蝶結並縫製固定，需注意水平位置。

※ 完成尺寸　約長22cm×寬21cm。

1 製作表袋身&裡袋身

★ 外加1cm縫份。

2 熨燙接著襯。

表袋身

開口處
a
（正面）
b

緞帶

● 共製作兩片

1 將布片a與布片b正面相對接縫，再縫製緞帶。

止縫點（背面）止縫點

（正面）

3 將兩片正面相對，縫至止縫點。

※一片布熨燙接著襯，依步驟3的作法製作裡袋身。

蝴蝶結

中央布
主體
邊緣
中央布（正面）
摺雙
0.5
袋身（正面）
袋身（正面）

③主體中間繫上中央布，縫製固定於後側。

②將緞帶（2.5cm）橫向對摺。

①將緞帶（8cm）的兩端重疊縫合。

紙型 A

材料　表布a 55×20cm、表布b 55×20cm、裡布55×30cm、單膠棉襯55×30cm、接著襯55×30cm、寬1.5cm的緞帶65cm、直徑0.7cm的鉚釘12組、長39cm附龍蝦釦的錬條1條、寬18cm×高10cm的口金（鉚釘）

材料（淡藍色）　表布a 25×10cm、表布b 10×10cm、裡布25×10cm、薄質單膠棉襯25×10cm、寬0.5cm的水兵帶20cm、寬1cm的羅紋緞帶75cm、寬0.7cm的蒂羅爾繡帶5cm、長3cm龍蝦釦1個、直徑0.8cm的釦環1個、25號繡線、寬8cm×高4.5cm口金（手縫款）

紙型A

零錢包

☆ 縫份外加0.5cm。

2 組裝

1
縫製袋身與裡袋身開口處。

表袋身（背面）

裡袋身（背面）

止縫點

止縫點

返口

2
翻回正面，縫合返口。

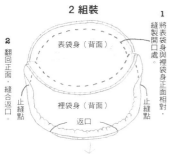

5
將圓釦環扣入口金的釦環，再以龍蝦釦固定。

龍蝦釦
圓釦環
重疊0.5cm
口金
表袋身（正面）
緞帶（75cm）
蒂羅爾繡帶（4cm）

3
將口金與袋身開口處對齊，以兩側與中間共三處疏縫固定。

4
將緞帶穿入龍蝦釦，以蒂羅爾繡帶包覆後縫妥。

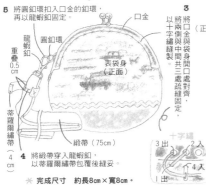

※ 完成尺寸　約長8cm×寬8cm。

1 製作表袋身＆裡袋身

表袋身

3
熨燙接著襯。

開口處

（正面）

a

b

1
將表袋身與裡袋身正面相對接縫。

2
將水兵帶縫於接縫處。

※ 共製作兩片

3
以十字繡縫製。

（正面）

（背面）

止縫點　止縫點

十字繡
3出　2入
1出　4入

4
將兩片正面相對，縫至止縫點。

※ 裡袋身以同一片布料製作，作法與表袋身的步驟4相同，記得於袋底保留返口。

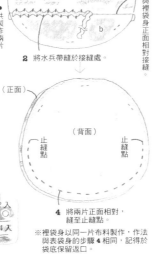

十字繡的背面有兩道弧形線，看起來也滿可愛的。

他＆她的零錢包

這款零錢包讓孩子們也忍不住想擁有！請留意作法，女用的款式，是以裝飾珠與緞帶裝飾。男用的款式，則是以十字繡點綴。

zoom

zoom

雅緻外出包

以蕾絲布料與紫色圖案，搭配這款細緻刻工的口金。拼接處以刺繡與裝飾珠加以點綴，更增幾分成熟的氛圍，作為晚宴包也相當適合。（千葉縣／榊原幸子）

打開包包就能看見針趾，因此縫製時須細心謹慎，是製作這款漂亮包包的訣竅！

外出包

紙型A

材料　表布a 20×20cm、表布b 40×20cm、裡布45×20cm、接著襯50×20cm、25號繡線、小圓裝飾珠 2款適量、喜歡的裝飾、寬11cm×高5cm口金（手縫款）

☆ 除了指定處之外，皆預留1cm的縫份。

1 製作表袋身＆裡袋身

表袋

4
將兩片正面相對，縫製兩側與袋底。

（正面）

開口處（不留縫份直接裁剪）

表布（正面）

b　a　b

裝飾珠

1
於表布a、b背面熨燙接著襯

2
正面相對接縫。

表布（背面）

5
縫製底角。

3
進行刺繡，並縫上裝飾珠。

※ 裡袋身以同一片布料，依步驟4 5製作。

● 共製作兩片

2 組裝

2
組裝口金（請見P.33）

3
扣上口金釦環處，扣上喜歡的飾品。

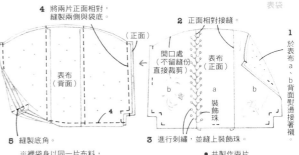

1
將表袋身與裡袋身背面相對，剪出牙口，將側身內摺之後，以接著劑貼妥。

表袋身（背面）

裡袋身（正面）

側身

※ 完成尺寸
約長11cm×寬14cm、側身寬約2.5cm。

雙層 雙層款口金包

便利度極高且有著可愛設計的「雙層口金」，是最新流行趨勢！另有袋中袋的親子款、夾層款、雙層的雙口金款……等，款式多樣，變化豐富。

使用的口金
BK-1276S #0／
INAZUMA

open

中間的口金
也是同樣尺寸

裡袋身的條紋圖案相當搶眼，與燈芯絨質樣的花色，恰成對比。

雙層口金小花收納包

雙層口金有三個同樣尺寸的口金框，因此可以擁有兩個寬敞的空間，最適合作為每日的隨身錢包。從中間層溝槽處開始塗抹接著劑，待乾燥之後，再進行外側作業，即可避免袋身位移。（神奈川縣／鈴木ふくえ）

DOLLFUS-MIEG & C
MULHOUSE-BELFORT-PARIS
NYLON D·M·C

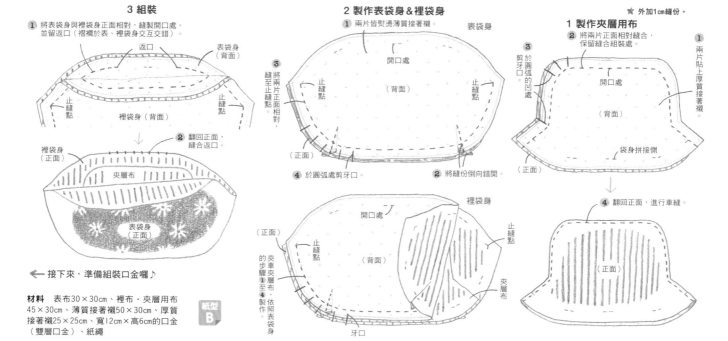

3 組裝

① 將表袋身與裡袋身正面相對，縫製開口處，並留返口（褶襉於表、裡袋身交叉交錯）。

返口
表袋身（背面）
止縫點
止縫點
裡袋身（背面）

② 翻回正面，縫合返口。

裡袋身（正面）
夾層布
表袋身（正面）

← 接下來，準備組裝口金囉♪

材料　表布30×30cm、裡布·夾層用布45×30cm、薄質接著襯50×30cm、厚質接著襯25×25cm、寬12cm×高6cm的口金（雙層口金）、紙繩

紙型 B

2 製作表袋身&裡袋身

☆ 外加1cm縫份。

① 兩片皆熨燙薄質接著襯。

表袋身
開口處
止縫點
止縫點
（背面）
③ 縫至止縫點 將兩片正面相對，
（正面）
④ 於圓弧處剪牙口。
② 將縫份倒向錯開。

裡袋身
開口處
（正面）
止縫點
止縫點
（背面）
夾層布
牙口

1 製作夾層用布

② 將兩片正面相對縫合，保留縫合組裝處。

① 兩片貼上厚質接著襯。

③ 剪牙口。於圓弧的凹處
開口處
（背面）
袋身拼接側
（正面）

④ 翻回正面，進行車縫。

（正面）

夾車夾層布的步驟
依照表袋身①至④製作。

36

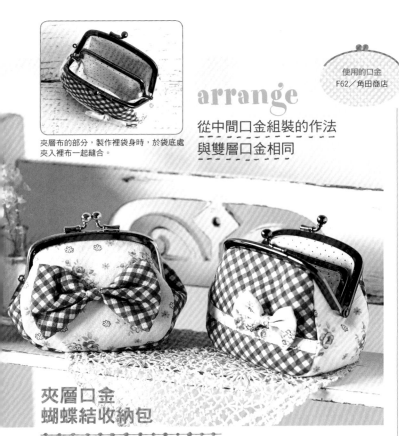

夾層布的部分，製作裡袋身時，於袋底處夾入裡布一起縫合。

使用的口金
F62／角田商店

arrange

從中間口金組裝的作法
與雙層口金相同

※為便於說明，部分的縫線顏色稍有改變。

6 等到夾層處的接著劑乾燥後，於外側的口金溝槽塗抹接著劑。

7 將口金與袋身的中心對齊，以尖錐將袋身壓入溝槽。

8 將紙繩邊緣，逐一壓入邊角收入溝槽內。

9 這是步驟**8**完成之後的樣子。另一側作法亦同，需打開口金，使接著劑乾燥。

10 整理側身的形狀。

完成！

※ 完成尺寸　約長10cm×寬15cm。

Lesson4
組裝雙層款口金

1cm

1 袋身開口周圍縫上紙繩。紙繩長度約比袋身短1cm。

先從中間的夾層開始！

2 從中間夾層開始製作，請先打開口金，於溝槽處塗抹接著劑。

3 對齊夾層與夾層用布的中心，以尖錐壓入紙繩。

4 口金的邊角也需完全壓入。

稍微靜置使接著劑凝結

5 全體組裝完成後，稍微靜置一段時間，使接著劑乾燥。

夾層口金
蝴蝶結收納包

一打開包包，裡面的夾層口金，顯然非常方便實用！如果使用這款渾圓可愛，又有大蝴蝶結的零錢包，「別亂花錢」的想法恐怕要被拋到九霄雲外了啊？！
（埼玉縣／平松千賀子）

紙型 B　**材料**　袋身表布30×15cm、側身表布10×30cm、裡布・夾層40×30cm、單膠棉襯25×30cm、喜歡的裝飾、寬9.6cm×高4.5cm的口金（附夾層）、紙繩

★ 外加0.7cm縫份。

1 製作表袋身

① 將兩片袋身與側身燙上單膠棉襯。

② 將袋身與側身正面相對，縫至止縫點。

③ 將夾層疏縫於其中一片袋身。

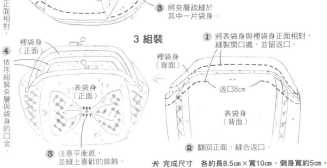

2 製作裡袋身

① 將兩片夾層的正面相對，縫製開口處，翻回正面。

② 縫製袋身的褶襇。●共製作兩片

③ 將夾層疏縫於其中一片袋身。

④ 縫至另一片袋身與步驟③正面相對。

3 組裝

① 將表袋身與裡袋身正面相對，縫製開口處，並留返口。

返口8cm

② 翻回正面，縫合返口。

④ 依序組裝夾層與袋身的口金。

③ 注意平衡感，並縫上喜歡的裝飾。

※ 完成尺寸　各約長8.5cm×寬10cm、側身寬約5cm。

母子口金 清爽收納包

一打開口金就跳出另一個口金包的歡樂收納包，分裝小鈔、零錢也ok！用於整理化粧品……等小物也很方便。以四片布料拼接的外袋，容量非常足夠喲！

大容量的雙層收納包
換個布料就能展現不同氛圍

以四片布料拼接的外袋
蓬鬆而柔軟

以鉚釘將口金的內、外側加以連接。先組裝內袋，再進行外袋。

使用的口金
藤木女士的私藏

材料 袋身表布35×20cm、側身表布25×20cm、裡布・內袋45×45cm、接著襯35×40cm、裝飾小物、寬12cm×高5cm的口金（母子款）、紙繩

紙型 **B**

★ 外加0.7cm縫份。

3 組裝

① 先從內袋開始組裝口金，請見P.37。

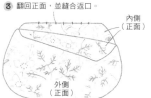

外袋 裡布（正面）
內袋・內側（正面）
外袋 表布（正面）

② 縫上喜歡的裝飾。

※ 完成尺寸
約長10cm×寬13cm、側身寬約7cm。

2 製作內袋

② 將內側與外側正面相對，縫製開口處，於其中一側留一返口。

返口
內側（正面）
外側（背面）
止縫點
止縫點
內側（背面）

① 將兩片正面相對，下側縫至止縫點。
※外側作法亦同。

③ 翻回正面，並縫合返口。

內側（正面）
外側（正面）

1 製作外袋

① 於袋身與側身的表布，熨燙接著襯。

袋身表布（背面）
側身表布（背面）

② 將袋身與側身正面相對，進行縫製。
● 共製作兩組

⑤ 將表袋身與裡袋身正面相對，縫製開口處，並留返口。

返口
表袋身（背面）
裡袋身（背面）

修剪多餘縫份

③ 將兩組正面相對，縫製成袋身狀。

袋身表布（背面）
側身
側身
袋身

⑥ 翻回正面，並縫合返口。

裡袋身（正面）
表袋身（正面）

④ 裡袋身作法亦同。

38

雅緻風格 母子口金收納包

金色的緞面布搭配蕾絲，優雅的氛圍表露無遺。母子口金由於底部會重疊數層布料縫製，因此改變外袋身與內袋身的倒向，就不容易影響到正面了！（千葉縣／菊池明子）

內袋的配搭也相當講究

金色縫線的針趾、兩側的吊飾……每個細節都相當講究。

使用的口金
BK-1384／
INAZUMA

3 組裝

① 將內表袋身正面相對放入內裡袋身，兩片一起縫製袋底的縫線。（將袋底的縫線錯開）

② 將步驟 ① 放入外表袋身，摺入開口處的縫份再進行縫合。

③ 將內裡袋身，背面相對放入內表袋身，並將開口處的縫份摺入縫製。

④ 將母子口金分別嵌入其所屬的袋身縫製。（請見P.37）

⑤ 將喜歡的吊飾與緞帶，組裝於圓釦環上。

※ 完成尺寸
約長14cm×寬18cm、側身寬約7cm。

開口處
內表袋身（正面）
外裡袋身（背面）
9
外裡袋身（正面）
內裡袋身（正面）
內表袋身（正面）
外表袋身（正面）
緞帶
外表袋身（正面）
吊飾
外表袋身（正面）

2 製作內袋身

★ 外加0.5cm縫份。

① 注意水平線，縫上寬4.2cm的蕾絲以及貼飾。

② 分別於兩片背面熨燙單膠棉襯。

④ 將兩片正面相對，縫至止縫點。

※依照步驟 3 4 製作裡袋身。（不需單膠棉襯）

⑤ 縫製褶襴，並修剪多餘縫份。

④ 將前袋身與後袋身正面相對，縫至止縫點。

③ 縫製褶襴。

※依照步驟 3 4 製作裡袋身。（不需單膠棉襯）

表袋身
止縫點
開口處（背面）
前袋身（正面）
開口處
止縫點
後袋身（背面）

1 製作外袋身

① 製作前袋身。

注意水平線，並縫製6cm的蕾絲。

熨燙單膠棉襯
將兩片蕾絲重疊縫製。

注意平衡感，將標籤縫於布料a上。
將標籤縫於布料上，再縫於布料a上。
將a與b正面相對接縫。

表袋身
開口處
（正面）
a（正面）
b
4
6
1.5
3.5

② 製作後袋身。

將c與d正面相對接縫。
製作後袋身
熨燙接著襯

開口處
c
d
（正面）

材料
外表袋身a‧c‧內表袋身55×35cm、外表袋身b‧d‧外裡袋身‧內表袋身55×60cm、標籤用布55×60cm、單膠棉襯50×45cm、寬6cm的蕾絲15cm、寬5cm的蕾絲25cm、寬4.2cm的蕾絲20cm、寬3.5cm的蕾絲25cm、寬1.5cm的蕾絲25cm、蕾絲片、標籤、裝飾珠、裝飾用鈕釦、吊飾、（外）寬13.5cm×高6cm‧（中）寬12cm×高4cm的口金（手縫母子款）、縫線

一字形 的口金

騰空於袋身兩側的口金，使包包即使裝入再多物品，都能順利闔起，這是一字口金包最大的特點。由於這款口金僅有框架上方與袋身連結，因此，須於袋身熨燙棉襯，才能使口金包更加堅固。

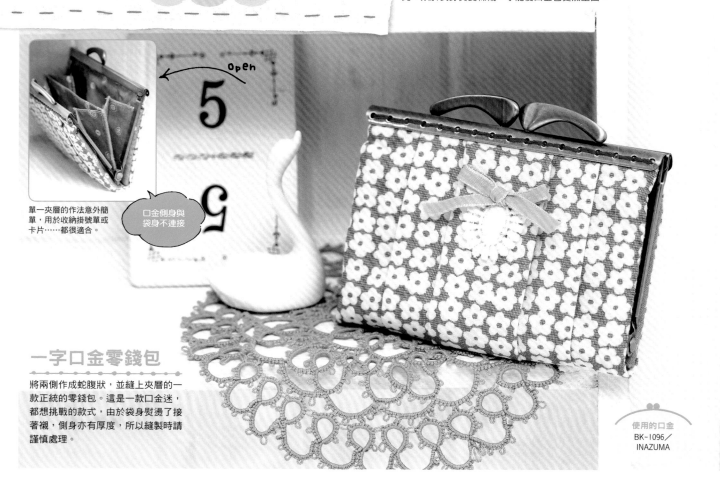

open

5

5

口金側身與袋身不連接

單一夾層的作法意外簡單，用於收納掛號單或卡片……都很適合。

一字口金零錢包

將兩側作成蛇腹狀，並縫上夾層的一款正統的零錢包。這是一字口金迷，都想挑戰的款式，由於袋身熨燙了接著襯，側身亦有厚度，所以縫製時請謹慎處理。

使用的口金
BK-1096／
INAZUMA

★ 除了指定處之外，皆預留1cm的縫份。

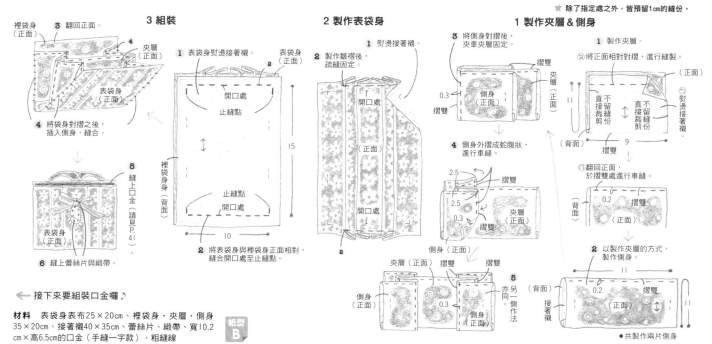

3 組裝

裡袋身（正面）
❸ 翻回正面。
夾層（正面）
表袋身（正面）
❹ 將袋身對摺之後，插入側身，縫合。

❶ 表袋身熨燙接著襯。
表袋身（正面）
❷
開口處
止縫點
（正面）
裡袋身身（背面）
止縫點
開口處
15
10
❷ 將表袋身與裡袋身正面相對，縫合開口處至止縫點。

❺ 縫上口金（請見P.41）。
表袋身（正面）
❻ 縫上蕾絲片與緞帶。

2 製作表袋身

❶ 熨燙接著襯。
❷ 製作皺褶後，疏縫固定。
開口處
（正面）
開口處
❷

1 製作夾層＆側身

❸ 將側身對摺後，夾車夾層固定。
摺雙
0.3
側身（正面）
夾層（正面）
摺雙
❹ 側身外摺成蛇腹狀，進行車縫。
2.5
2.5
0.3
摺雙
夾層（正面）
側身（正面）
❺ 亦另一側同作法
夾層（正面）摺雙 摺雙
側身（正面）
0.3
側身（正面）

❶ 製作夾層。
㋐將正面相對對摺，進行縫製。
（正面）
直不直不接留接留裁縫裁縫剪份剪份
（背面）
摺雙
9
熨燙接著襯
㋑翻回正面，於摺雙處進行車縫。
（背面）
0.2
摺雙
（正面）
❷ 以製作夾層的方式，製作側身。
（背面）
0.2
摺雙
接著襯
（正面）
●共製作兩片側身

← 接下來要組裝口金囉♪

材料 表袋身表布25×20cm、裡袋身‧夾層‧側身35×20cm、接著襯40×35cm、蕾絲片、緞帶、寬10.2cm×高6.5cm的口金（手縫一字款）、粗縫線

紙型 B

使用的口金
F59／角田商店

請使用可以站立「三角足」口金

arrange

口金的兩側為三角形，因此相當穩定。側身為展開的扇形，拿取東西相當方便。

三角足口金
背包風收納包

多虧了三角足口金，使這款迷你收納包放於背包裡也不用擔心變形，保存印章……等重要的物品也很適合。熨燙了厚質接著襯，邊角就顯得相當好看。（埼玉縣／長谷川綺菜）

材料 袋身表布a 10×20cm、袋身表布b・側身表布・提把30×25cm、袋身表布c10×15cm、裡布30×20cm,薄質接著襯30×20cm、厚質接著襯30×25cm、直徑0.6cm的鉚釘2組、寬9cm×高5.5cm的口金（三角足）、紙繩

紙型 B

★ 除了指定處之外，皆預留1cm的縫份。

1 製作表袋身＆裡袋身

3 先於側身熨燙厚質接著襯，再於中間熨燙厚質接著襯。
● 共製作兩片

開口處
側身（正面）
袋身（背面）
側身（背面）

4 將袋身與側身正面相對，縫合至對齊記號。

表袋身

1 將布片a至布片c正面相對接縫，並熨燙厚質接著襯。

開口處（不留縫份直接裁剪）
b
a
袋身（正面）
c
開口處（不留縫份直接裁剪）
b

2 進行車縫。

※與表袋身作法相同。

開口處（不留縫份直接裁剪）
厚手接著襯
側身（背面）
薄質接著襯
開口處
側身（正面）
袋身（背面）

2 組裝

1 將表袋身與裡袋身背面相對，摺入側身開口處的縫份，再車縫開口周圍。

0.6
1.5
裡袋身（正面）
表袋身（背面）
沿著側身的接著襯摺出摺線。

2 摺出側身的接著襯摺線。

裡袋身（正面）
表袋身（正面）

3 組裝口金
※從表袋身側插入紙繩。

4 製作提把，穿入口金的圓環後，再以鉚釘固定。

不留縫份直接裁剪
24
摺雙
4
提把（正面）
短邊內摺1cm,摺成四褶之後，進行縫製。

★ 完成尺寸 各約長5.5cm×寬10cm、側身寬約3cm

Lesson5
組裝一字款口金

① 準備粗縫線（這次使用蠟染線），與刺繡用（穿線孔較大）的縫針。

先進行疏縫固定成品就會很好看

② 將袋身完全嵌入口金溝槽內，以疏縫線先固定住單側三處。

③ 從裡袋身起針，並由外側一邊確認孔洞位置，一邊進行縫製。

④ 以平針縫來回縫製一圈。將布料疊於皺褶上，因為有點厚度，請謹慎縫製。

⑤ 此為縫製至邊端的狀態。

⑥ 縫線不剪，進行回針遮蔽縫線間的空隙處。

⑦ 此為單側縫製完成的狀態。另一側也完成後再取下疏縫線。不需以平口鉗夾扁。

★ 完成尺寸 約長7cm×寬10.2cm

完成！

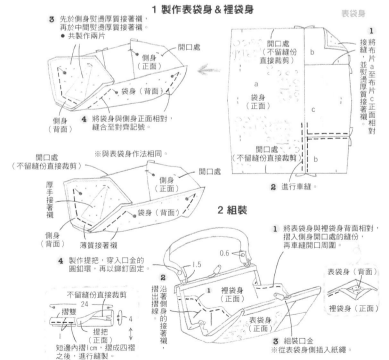

41

一款名片與票卡專用的L形狹長口金。珠釦位於邊角，稍加扭轉即可開合。鉚釘的開闔角度，與一般的口金不同，因此袋身壓入時，須多加留意。

恰巧可收納票卡的尺寸

若無其事地從包包裡面，掏出這樣的手作包，一定超得意的吧！

open

L形口金
票卡夾

這件作品的口金開闔容易，以巧思避免內容物摺到。內側以裝有厚紙板的夾層補強。運用蕾絲貼飾，使圖案簡單的布料，變得更加有趣。（神奈川縣／鈴木ふくえ）

使用的口金
L形票卡夾／
角田商店

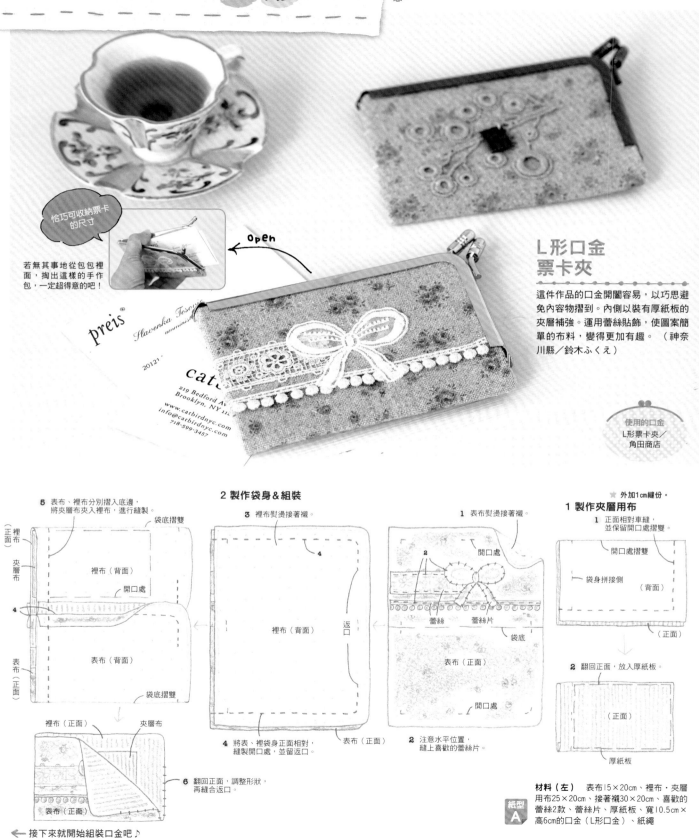

5 表布、裡布分別摺入底邊，將夾層布夾入裡布，進行縫製。

袋底摺雙

（正面）裡布

夾層布

裡布（背面）

開口處

4

表布（背面）

袋底摺雙

裡布（正面）　夾層布

表布（正面）

6 翻回正面，調整形狀，再縫合返口。

2 製作袋身＆組裝

3 裡布熨燙接著襯。

4

裡布（背面）

返口

4 將表、裡袋身正面相對，縫製開口處，並留返口。

表布（正面）

1 表布熨燙接著襯。

2

開口處

蕾絲　蕾絲片

袋底

表布（正面）

開口處

2 注意水平位置，縫上喜歡的蕾絲片。

★ 外加1cm縫份。

1 製作夾層用布

1 正面相對車縫，並保留開口處摺雙。

開口處摺雙

袋身拼接側

（背面）

（正面）

2 翻回正面，放入厚紙板。

（正面）

厚紙板

材料（左）　表布15×20cm、裡布‧夾層用布25×20cm、接著襯30×20cm、喜歡的蕾絲2款、蕾絲片、厚紙板、寬10.5cm×高6cm的口金（L形口金）、紙繩

紙型 A

← 接下來就開始組裝口金吧♪

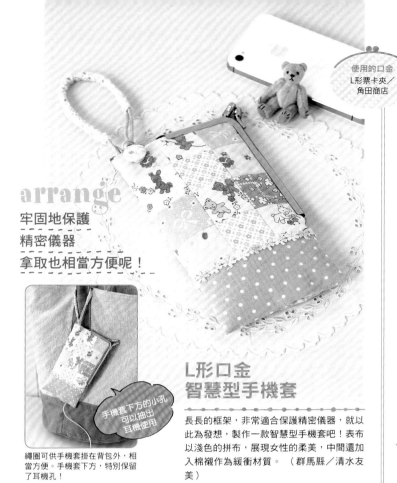

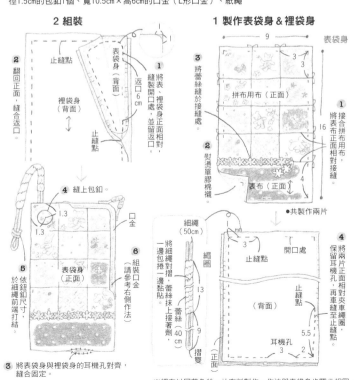

使用的口金
L形票卡夾／
角田商店

arrange

牢固地保護
精密儀器
拿取也相當方便呢！

繩圈可供手機套掛在背包外，相當方便。手機套下方，特別保留了耳機孔！

手機套下方的小孔可以抽出耳機使用

L形口金
智慧型手機套

長長的框架，非常適合保護精密儀器，就以此為發想，製作一款智慧型手機套吧！表布以淺色的拼布，展現女性的柔美，中間還加入棉襯作為緩衝材質。（群馬縣／清水友美）

材料 拼布用布、表布15×15cm、裡布25×20cm、單膠棉襯25×20cm、寬0.8cm的裝飾帶20cm、寬1.5cm的蕾絲40cm、直徑0.2cm的細繩50cm、直徑1.5cm的包釦1個、寬10.5cm×高6cm的口金（L形口金）、紙繩

★ 外加0.5cm縫份。

2 組裝

2 翻回正面，縫合返口。

① 縫製開口處，並留返口。
將表、裡袋身正面相對，

表袋身（背面）
止縫點
返口6cm
裡袋身（背面）
止縫點

4 縫上包釦。
1.3
1.3
口金
表袋身（正面）
5 依包釦尺寸於細繩前端打結。

6 組裝口金（請參考右側作法）

3 將表袋身與裡袋身的耳機孔對齊，縫合固定。

★ 完成尺寸 約長25cm×寬10cm。

1 製作表袋身&裡袋身

9
表袋身
3
拼布用布（正面）
16
1 將接合拼布用布正面相對接縫。
蕾絲
2 熨燙單膠棉襯
表布（正面）
4
●共製作兩片

3 將蕾絲縫於接縫處。

細繩（50cm）
繩圈
1 將細繩對摺包捲，蕾絲塗上接著劑。
蕾絲（40cm）
13
9
摺雙
（正面）

開口處
止縫點
4 保留兩片耳機孔正面相對夾車繩圈，再車縫至止縫點。
（背面）
止縫點
5.5
耳機孔
3 2

※裡布以同花色的一片布料製作，作法與表袋身步驟4相同。（不需單膠棉襯&繩圈）

※為便於說明，部分縫線的顏色略有不同。

6 口金的另一側，也須張開至鉚釘處。

稍微靜置使接著劑乾燥
7 其中一側完成後，稍微靜置使其完全乾燥。

將口金完全打開
8 於另一側溝槽塗抹接著劑，同樣嵌入口金。將口金完全打開，進行後側鉚釘作業。

9 完成之後同樣需靜置一段時間，使接著劑乾燥。

完成！
★ 完成尺寸 約長7cm×寬10cm。

組裝 L 形口金

① 右手慣用者將珠釦固定於右上，左手慣用者則將珠釦固定於左上，並改變袋身的正面以配合口金方向。

1 cm
1 cm
1 cm
② 將紙繩縫製於袋身的開口周圍。先將紙繩兩端修剪為比袋身短1cm。

③ 於其中一側的口金，塗抹接著劑。

④ 對齊口金與袋身的邊角，以尖錐從裡布側開始壓入袋身。製作過程中，請隨時從表布側確認，以確保縫線不會外露。

⑤ 將口金打開至接近鉚釘處，如此會使作業更為方便。

43

於裡布與吊飾的部分多加講究，製作口金包就會成為愉快的事。本篇將介紹書中作品一些很棒的點子！

每一次開啟，都令人怦然心動的Vivid Color。

裡布的顏色，取自表布圖案中的其中一色。以紅色的格紋平織布，打造質樸的意象。

熱鬧的點心包裝紙，搭配色調一致的繽紛圖案，相當速配。

打開的瞬間真是開心無比！

裡布

花心思於作品的細微處，作品將顯得更加精緻漂亮。打開口金才能看得見裡布，只要用心選擇，就能作出更加可愛的口金包！

讓人出乎意料的配色，新鮮感十足！

平織格紋布的格紋稍大，呈現較成熟的感覺。與表布對比之下，很有視覺效果。

以黃色的對比色——紫色為裡布，調整正、反兩面圖案的比例，會較容易取得整體搭配的平衡感。

使表、裡布的氛圍一致

裡布與表布一樣為四片拼接，以微妙色差的雙色拼接，大大增加時尚度。

雖然同樣都是白色與粉紅色的組合，但表面以貼布縫，呈現溫柔的氛圍，裡面則以生動的心形，讓人印象深刻。

最後裝飾上些許玩心

吊飾

吊飾能提升口金包的完成度。讓我們一起來看看這些尺寸雖然迷你，卻超有存在感的珍藏吧！

\ 極簡・成熟 /

搭配金色袋身，低調的使用蝴蝶五金吊飾。（P.39母子口金優雅收納包）

搭配單顆裝飾珠，鍊條的材質就顯得更加重要。（P.20的基本款側身口金包）

以Liberty布料作成的繽紛袋身，搭配黑色手作流蘇，顯得簡潔好看。（P.46扁平小錢包）

\ 讓人忍不住多看兩眼 /

大象最喜歡的紅通通蘋果吊飾，也吊掛於收納包旁待命。（P.24大象先生收納包）

將古典圖案與玻璃吊飾加以組合，襯托天然的棉麻色。（P.15 白雪公主收納包）

豐富吊飾＆配件的SHOP大推薦

印泥吊飾，印章收納包上面的必備小物！珍貴的金屬材質，散發質感。有黑色、銀色、金色、古銅色四款。／hama-labo http://hama-labo.shop-pro.jp

可運用單品簡單地加以裝飾，或組合數個作成吊飾，也很漂亮。講究設計的口金包，一定會更加出色好看。／INAZUMA http://www.inazuma.biz

壓克力珠、鈴鐺……等引人注目的吊飾，將流行的布料，襯托得格外顯眼。請將蝴蝶結配件，縫於布條或標籤上面。／cherin -cherin http://chelin-chelin.shop-pro.jp

將蕾絲片與零頭皮革運用於吊飾，也相當有質感。與異材質的五金配件的組合，展現出雅緻的氛圍。／yuki-made&... http://yukimade.cart.fc2.com

方便&可愛！
實用的口金包大集合

口金包受歡迎的祕密，就在「可愛」與「實用」兼具的特性。

本篇將介紹的實用品項與包包，加入了許多市售品看不到的創意與設計，

尤其獨樹一幟的口金包，於口金造型、袋身的素材……等都非常講究，

是唯有手作才能呈現的細緻。

一起從諸多作品中，感受手作口金包的魅力與深刻的想法吧！

扁平小錢包

隨身包太小，沒辦法同時帶很多個錢包嗎？這時就該輪到無側身的小錢包出場囉！裡布熨燙稍厚的接著襯，使袋身與口金重量取得平衡。口袋加上拉鍊，也相當方便。（神奈川縣／山本靖美）

每天都用得到の
實用小包

● 作為宴會小包也很適合

錢包的尺寸可收納對摺的紙鈔

錢包的尺寸可收納票卡與對摺的紙鈔，裡袋可以用來收納零錢與藥品。

使用的口金
F21／角田商店

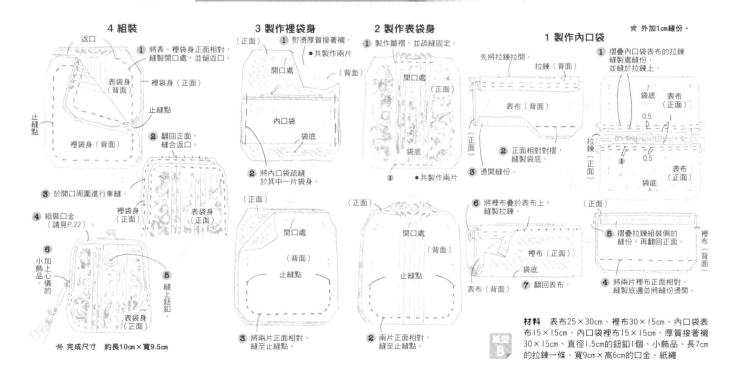

4 組裝

① 將表、裡袋身正面相對，縫製開口處，並留返口。

返口
表袋身（背面）
裡袋身（正面）
裡袋身（正面）
止縫點
止縫點
裡袋身（背面）

② 翻回正面，縫合返口。

③ 於開口周圍進行車縫。

④ 組裝口金（請見P.22）。

裡袋身（正面）
表袋身（正面）

⑥ 小加上心儀的飾品。

⑤ 縫上鈕釦

表袋身（正面）

✻ 完成尺寸 約長10cm×寬9.5cm

3 製作裡袋身

① 熨燙厚質接著襯。
●共製作兩片

（正面）
開口處
內口袋
袋底

② 將內口袋疏縫於其中一片袋身。

（正面）
開口處
（背面）
止縫點

③ 將兩片正面相對，縫至止縫點。

2 製作表袋身

① 製作皺褶，並疏縫固定。

（正面）
開口處
袋底

③ 燙開縫份。

●共製作兩片

（正面）
開口處
（背面）
止縫點

② 兩片正面相對，縫至止縫點。

★ 外加1cm縫份。

先將拉鍊拉開。
拉鍊（背面）
表布（背面）

② 正面相對對摺，縫製袋底。

③ 燙開縫份。

⑥ 將裡布疊於表布上，縫製拉鍊。
裡布（正面）
袋底
⑦ 翻回表布。
表布（背面）

1 製作內口袋

① 摺疊內口袋表布的拉鍊縫製處縫份，並縫於拉鍊上。
袋底
表布（正面）
0.5
拉鍊（正面）
0.5
表布（正面）
袋底
（正面）

② 摺疊拉鍊組裝側的縫份，再翻回正面。
裡布（背面）

④ 將兩片裡布正面相對，縫製底邊並將縫份燙開。

材料 表布25×30cm、裡布30×15cm、內口袋表布15×15cm、內口袋裡布15×15cm、厚質接著襯30×15cm、直徑1.5cm的鈕釦1個、小飾品、長7cm的拉鍊一條、寬9cm×高6cm的口金、紙繩

紙型
B

印章收納包

這款小小的印章包，需要縫製的部分不多、使用的口金也很迷你，一下子就能完成，相當適合初學者挑戰。袋身設計以印花圖案為中心進行剪裁，成為此作品的一大亮點。
（千葉縣／藤木倫子）

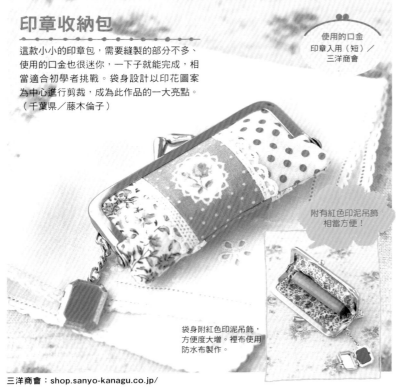

使用的口金
印章入用（短）／
三洋商會

附有紅色印泥吊飾
相當方便！

袋身附紅色印泥吊飾，
方便大增。裡布使用
防水布製作。

三洋商會：shop.sanyo-kanagu.co.jp/

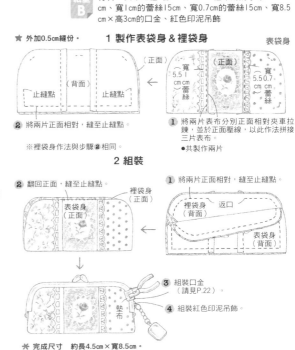

紙型 B　材料　表布三種 各10×10cm、裡布用防水布15×15cm、寬1cm的蕾絲15cm、寬0.7cm的蕾絲15cm、寬8.5cm×高3cm的口金、紅色印泥吊飾

★ 外加0.5cm縫份

1 製作表袋身＆裡袋身

表袋身

（正面） （背面） 止縫點 止縫點

② 將兩片正面相對，縫至止縫點。

※裡袋身作法與步驟②相同。

（正面）寬5.5 1cm蕾絲　（正面）　寬5.5 0.7cm蕾絲

① 將兩片表布分別正面相對夾車拉鍊，並於正面壓線，以此作法拼接三片表布。
● 共製作兩片

2 組裝

① 將兩片正面相對，縫至止縫點。

裡袋身（背面）　返口　表袋身（背面）

② 翻回正面，縫至止縫點。

裡袋身（正面）　表袋身（正面）

③ 組裝口金（請見P.22）。

④ 組裝紅色印泥吊飾。

墊布

✲ 完成尺寸　約長4.5cm×寬8.5cm。

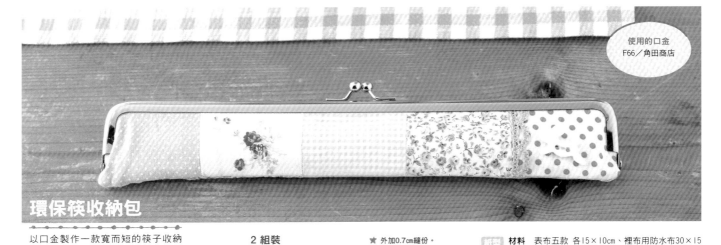

環保筷收納包

以口金製作一款寬而短的筷子收納包。採簡單無側身的設計，不用擔心製作失敗。將鮮豔的零碼布橫向拼接，再以鈕釦裝飾，整體顯得繽紛熱鬧。讓人開始期盼午餐時光的到來！
（千葉縣／藤木倫子）

裡布選用
防水布材質。

由於口金無法清洗，因此於裡布選用了防水布，以便於清潔。並可同時增加筷子收納包的強度。

2 組裝

★ 外加0.7cm縫份。

① 將表、裡袋身正面相對，縫製開口處，於單側留返口。

返口

裡袋身（背面）

表袋身（正面）

② 翻回正面，縫合返口。

裡袋身（正面）

表袋身（正面）

③ 注意畫面平衡感，於袋身縫上鈕釦。

④ 組裝口金（請見P.22）。

✲ 完成尺寸
約長4×寬24.5cm

表袋身（正面）

紙型 B　材料　表布五款 各15×10cm、裡布用防水布30×15cm、接著襯30×15cm、寬0.7cm的蕾絲15cm、兔子造型鈕釦1個、寬24.5cm×高3cm的口金、紙繩

1 製作表袋身＆裡袋身

表袋身

① 拼接表布，縫上蕾絲，熨燙接著襯。 ● 共製作兩片

蕾絲（正面）

止縫點 （背面） 止縫點

接著襯

② 將兩片正面相對，縫至止縫點。

裡袋身

（正面） （背面） 止縫點 止縫點

將兩片正面相對，縫至止縫點。

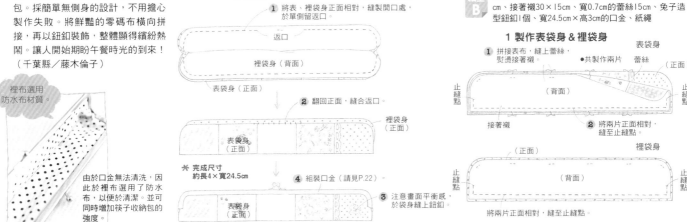

變化款化妝包

將方形口金作為化妝盒的袋蓋，其魅力來自張得大大的、方便取物的開口。由於毛氈布沒有花紋，因此加入皺褶並組裝吊飾……等可愛的元素。（千葉縣／藤木倫子）

裡袋身不製作皺褶，顯得清爽。盒蓋的內側也縫上了蕾絲，更顯得甜美迷人。

口金包內側設計上也需注意！

可愛實用的小物
化妝收納包
化妝收納包

使用的口金
藤木女士的私藏

材料　盒蓋・表布用厚質毛氈布60×30cm、裡布50×30cm、蝴蝶用的毛氈布、寬2cm的蕾絲35cm、寬0.7cm的蕾絲20cm、25號繡線、圓釦環2個、長7.5cm的鍊條、長2.8cm的安全別針、寬15.5cm×高7cm的口金、紙繩

紙型 B

★ 除了指定處之外，皆預留0.7cm的縫份。

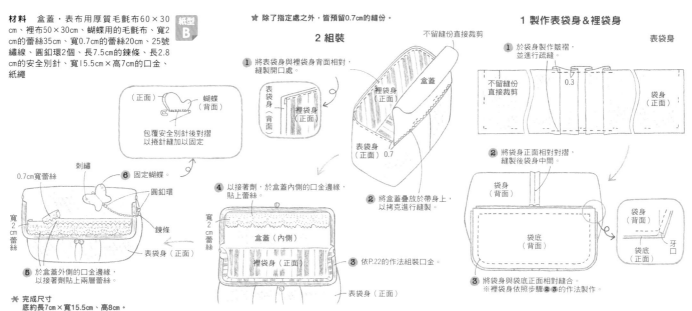

2 組裝

① 將表袋身與裡袋身背面相對，縫製開口處。

不留縫份直接裁剪

裡袋身（正面）
盒蓋
表袋身（正面）
裡袋身（背面）
表袋身（正面）0.7

④ 以接著劑，於盒蓋內側的口金邊緣，貼上蕾絲。

② 將盒蓋疊放於帶身上，以拷克進行縫製。

③ 依P.22的作法組裝口金。

盒蓋（內側）
裡袋身（正面）
表袋身（正面）
寬2cm蕾絲

1 製作表袋身&裡袋身

表袋身

① 於袋身製作皺褶，並進行疏縫。

不留縫份直接裁剪
0.3
袋身（正面）

② 將袋身正面相對對摺，縫製後袋身中間。

袋身（背面）
袋身（背面）
袋底（背面）
袋身（背面）
袋底（正面）
牙口

③ 將袋身與袋底正面相對縫合。
※裡袋身依照步驟②③的作法製作。

蝴蝶

蝴蝶（正面）
蝴蝶（背面）
包覆安全別針後對摺以捲針縫加以固定

刺繡
0.7cm寬蕾絲
寬2cm蕾絲
⑥ 固定蝴蝶。
圓釦環
鍊條
表袋身（正面）

⑤ 於盒蓋外側的口金邊緣，以接著劑貼上兩層蕾絲。

★ 完成尺寸
底約長7cm×寬15.5cm、高8cm。

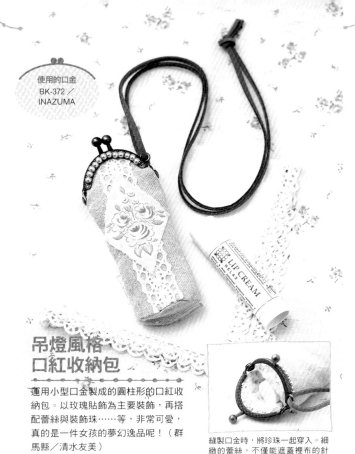

使用的口金
BK-372／
INAZUMA

材料 表布20×15cm、裡布20×15cm、貼布縫用布10×10cm、寬1.8cm的蕾絲15cm、寬0.5cm的蕾絲緞帶10cm、寬0.3cm的皮繩75cm、直徑0.3cm的珍珠24顆、寬4cm×高2.5cm的口金（手縫款）

紙型 **A**

口紅收納包

★ 縫份外加0.5cm。

2 製作袋底

0.3 表布（背面）

縫份處進行縮縫，放入厚紙板，抽緊縫線，再取出厚紙板。
※裡布作法亦同。

厚紙

1 製作袋身

牙口　　開口處

裡布（正面）

1 進行貼布縫。

2 將表布與裡布正面相對，縫製開口處。

貼布縫用布

表布（正面）

●共製作兩片

寬1.8cm蕾絲

裡布（正面）

袋底組裝處
裡布（背面）

3 攤開表布與裡布，裡布對裡布的方式正面相對縫合，以表布對表布相對縫合。

4 將表、裡布袋底組裝處的縫份往內摺入，並翻回正面。

表布（背面）

（正面）表布

3 組裝

珍珠

口金

2 將口金對齊袋身開口處，穿入珍珠以回針縫縫合。

1 將側身與袋底、表布的順序，依照裡布、表布的順序以藏針縫縫合。

袋身表布（正面）

袋底表布（正面）

3 以（各接著4剗）的針趾上剗將口金固定兩側與中間三處。

袋身裡布（正面）

4 穿入皮繩再於尾端打結固定（75cm）

的寬，貼0.5cm在中央的蕾絲緞帶②

★ 完成尺寸 約長11cm×寬4.5cm

吊燈風格 口紅收納包

運用小型口金製成的圓柱形的口紅收納包。以玫瑰貼飾為主要裝飾，再搭配蕾絲與裝飾珠……等，非常可愛，真的是一件女孩的夢幻逸品呢！（群馬縣／清水友美）

縫製口金時，將珍珠一起穿入。細緻的蕾絲，不僅能遮蓋裡布的針趾，看起來也更加迷人。

材料 表布・口袋30×20cm、裡布・墊布・斜紋布35×30cm、貼布縫用布15×20cm、喜歡的裝飾、長6cm×寬9cm的鏡子一個、寬10.5cm×高7.5cm的口金、紙繩、雙面膠

紙型 **A**

附鏡子の粉盒
1 製作表布＆裡布

★ 除了指定處之外，皆預留0.5cm的縫份。

表布

2 製作鏡子

以雙面膠將鏡子黏貼於墊布上。

鏡子（正面）

墊布（背面）

8

修剪至鏡框邊緣。

3 組裝

裡布（背面）

返口

表布（正面）

4 注意裡布均衡，以接著劑固定鏡子。

5 組於圓釦環上，組裝喜歡的飾品。

鏡子

裡布（正面）

口金（組裝請見P.22）

表布（正面）

摺雙

飾品

2 翻回正面，車縫周圍。

★ 完成尺寸 約長8.5cm×寬10.5cm

2 疊上棉襯，進行疏縫。

摺起長邊處的縫份。

進行貼布縫。

裡布（正面）

貼布縫用布（正面）

1 將表布縫製與裡布正面相對，並留返口。

口袋之袋口處

口袋（正面）

3 袋口處理口袋之袋口處。

4 疊上口袋，進行疏縫。

② 將斜布條反摺，進行縫製。

斜紋布（正面）

回 疊上斜布條，進行縫製。

口袋之袋口處（不留縫份直接裁剪）

斜紋布（背面）

口袋（背面）

口袋（正面）

4

以雅緻的綠色亞麻，搭配同色系的Liberty print作為表布，展現出成熟穩重的氣質。

附鏡子の粉盒

這款實用的、可對摺的粉盒，是以深形口金製作的。一面鑲上鏡子，另一面則縫上可收納OK繃或吸油面紙的口袋。防水布材質搭配亞麻布，也是相當新穎的設計。（神奈川縣／山本靖美）

使用的口金
35-7／
まつひろ商店

49

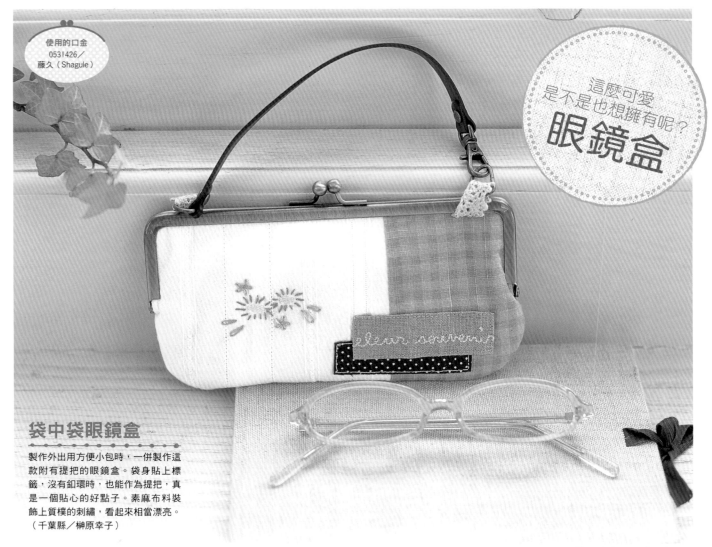

這麼可愛，
是不是也想擁有呢？
眼鏡盒

袋中袋眼鏡盒

製作外出用方便小包時，一併製作這
款附有提把的眼鏡盒。袋身貼上標
籤，沒有釦環時，也能作為提把，真
是一個貼心的好點子。素麻布料裝
飾上質樸的刺繡，看起來相當漂亮。
（千葉縣／榊原幸子）

Shagule：www.shugale.com

材料　表布a 25×25cm、表布b 15×15cm、裡布
25×25cm、單膠棉襯25×25cm、貼布縫用布、寬
1.2cm的麻質緞帶25cm、25號繡線、寬16.5cm×高
4.5cm的口金、紙繩、寬1.5cm的D型環2個、寬0.9
cm皮製提把21cm（附龍蝦釦）

紙型
A

★ 除了指定處之外，皆預留1cm的縫份。

2 製作裡袋身

（正面）

止縫點　止縫點

（背面）

將兩片正面相對，縫至止縫點，再翻回正面。

1 製作表袋身

① 進行刺繡。　② 接縫

b　前袋身
（正面）
a
0.7

④ 熨燙單膠棉襯。　③ 進行貼布縫。

前袋身（正面）

止縫點

麻質蕾絲
各11cm

摺雙

D型環

後袋身（背面）

止縫點

⑤ 後袋身熨燙
單膠棉襯。

⑥ 將前袋身與後袋身正面相對，
縫至止縫點。

② 翻回正面，縫合返口。

3 組裝

④ 將提把穿入D型環。

③ 組裝口金
（請見P.22）。

平口鉗

墊布

① 將表、裡袋身正面相對車縫，
夾車麻質蕾絲，並留返口。

返口

裡袋身（背面）

表袋身（正面）

※ 完成尺寸　約長9cm×寬18cm。

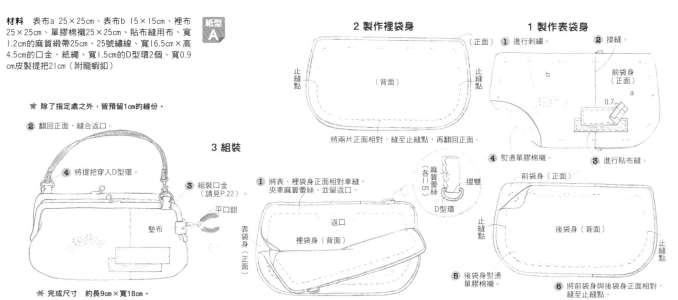

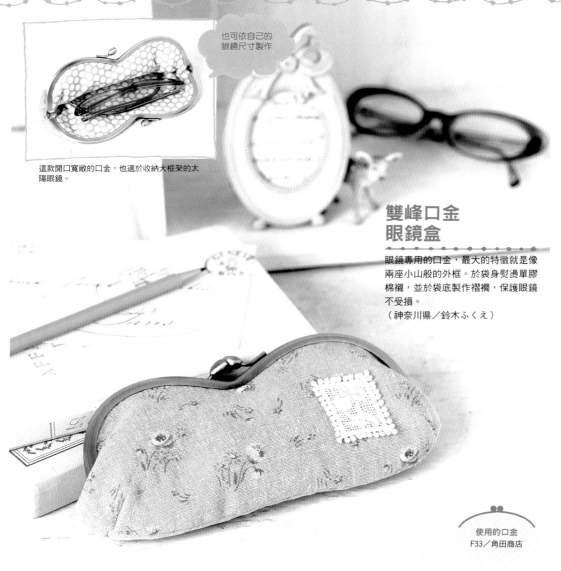

也可依自己的眼鏡尺寸製作

這款開口寬敞的口金，也適於收納大框架的太陽眼鏡。

雙峰口金眼鏡盒

眼鏡專用的口金，最大的特徵就是像兩座小山般的外框。於袋身熨燙單膠棉襯，並於袋底製作褶襉，保護眼鏡不受損。
（神奈川県／鈴木ふくえ）

使用的口金
F33／角田商店

先嵌入中間凹處

❶ 將紙繩縫於袋身開口處。長度約比袋身短1cm。

❷ 於口金溝槽塗抹接著劑，將袋身與口金中心對齊，以尖錐壓入溝槽。

❸ 沿著山形，注意左右均衡，將紙繩壓入溝槽。

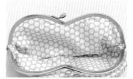

❹ 以此作法將紙繩壓入另一側山形。口金兩側都完成後，稍微靜置片刻，使接著劑乾燥。

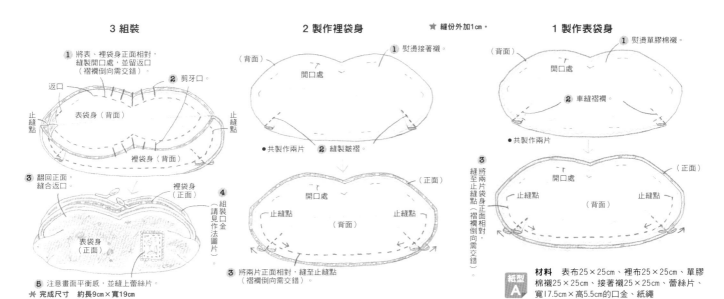

3 組裝

❶ 將表、裡袋身正面相對，縫製開口處，並留返口（褶襉倒向需交錯）。

返口
❷ 剪牙口。
止縫點
表袋身（背面）
止縫點
裡袋身（背面）

❸ 翻回正面，縫合返口。
裡袋身（正面）
❹ 組裝口金（請見作法圖片）
表袋身（正面）

❺ 注意畫面平衡感，並縫上蕾絲片。
✄ 完成尺寸　約長9cm×寬19cm

2 製作裡袋身

★ 縫份外加1cm。

❶ 熨燙接著襯。
（背面）
開口處
● 共製作兩片
❷ 縫製皺褶。

（正面）
開口處
止縫點　（背面）　止縫點

❸ 將兩片正面相對，縫至止縫點（褶襉倒向需交錯）。

1 製作表袋身

❶ 熨燙單膠棉襯。
（背面）
開口處
❷ 車縫褶襉。
● 共製作兩片

❸ 將兩片袋身正面相對，縫至止縫點（褶襉倒向需交錯）
（正面）
開口處
止縫點　（背面）　止縫點

材料　表布25×25cm、裡布25×25cm、單膠棉襯25×25cm、接著襯25×25cm、蕾絲片、寬17.5cm×高5.5cm的口金、紙繩

紙型A

拿起針線
也超開心的♪
針線盒

嵌上縫紉主題的圖案，值得珍藏的全系列縫紉包就完成了♪

使用的口金
針線盒
21cm深足・角丸／
角田商店

使用的口金
剪刀專用袋
0531411／藤久
（Shagule）

針線盒 &
剪刀專用袋

這款針線盒是以方形口金製作，尺寸足以收納作業中所有的工具。另一款剪刀專用袋，模樣很像切片比薩的形狀，相當獨特！於口金的圓弧處，縫上繽紛的鈕釦作為裝飾。（群馬縣／清水友美）

附有便利的
線軸架

2

1 針線盒裡附有線軸架，可以立起縫線並妥善整理。 **2** 以小針插代替吊飾。剪刀專用袋的精緻的作法，於P.28也有詳盡的解說。 **3** 立體貼布縫與吊飾也相當吸睛呢！

3

1

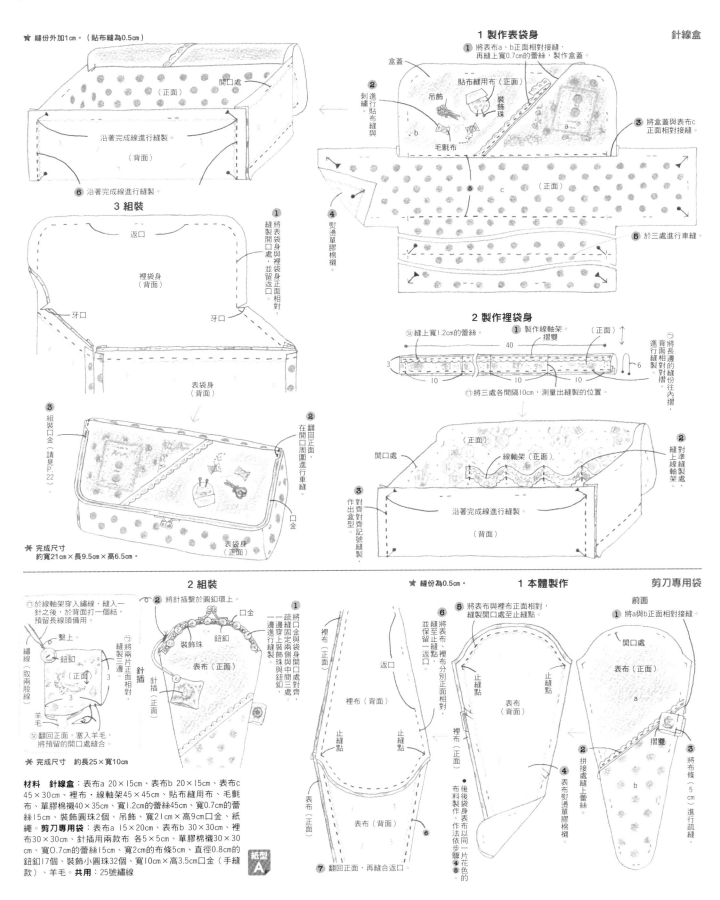

★ 縫份外加1cm。（貼布縫為0.5cm）

1 製作表袋身　　　　　　　　　　　針線盒

① 將表布a、b正面相對接縫，再縫上寬0.7cm的蕾絲，製作盒蓋。

盒蓋

貼布縫用布（正面）

吊飾　裝飾珠

② 進行貼布縫與刺繡

毛氈布

b　　a

③ 將盒蓋與表布c正面相對接縫。

開口處

（正面）

沿著完成線進行縫製。

（背面）

④ 熨燙單膠棉襯。

⑤ ⑥ c（正面）

⑥ 沿著完成線進行縫製。

⑤ 於三處進行車縫。

3 組裝

返口

裡袋身（背面）

牙口　　　牙口

表袋身（背面）

① 將表袋身與裡袋身正面相對，縫製開口處，並留返口。

③ 組裝口金（請見P.22）。

② 翻回正面，在開口周圍進行車縫。

口金

表袋身（正面）

❋ 完成尺寸
約寬21cm×長9.5cm×高6.5cm。

2 製作裡袋身

㋥ 縫上寬1.2cm的蕾絲。

① 製作線軸架。摺雙

（正面）

40

3　　10　　10　　10　　6

㋬ 將三處各間隔10cm，測量出縫製的位置。

㋺ 將背面相對的縫份往內摺，對摺。

（正面）

開口處

線軸架（正面）

② 對準縫製處，縫上線軸架。

③ 作出對齊對齊記號縫製。

沿著完成線進行縫製。

（背面）

---

2 組裝　　　　　　　　　　❋ 縫份為0.5cm。　　**1 本體製作**　　　　剪刀專用袋

㋥ 於線軸架穿入繡線，縫入一針之後，於背面打一個結，預留長線頭備用。

② 將針插繫於圓鈕環上。

繫上

繡線（取兩股線）

鈕釦

（正面）

3

羊毛

㋭ 翻回正面，塞入羊毛，將預留的開口處縫合。

口金

裝飾珠　鈕釦

表布（正面）

針插（正面）

① 將口金與袋身開口處對齊，一邊疏縫固定兩側與中間三處，一邊穿上裝飾珠與鈕釦，進行縫製。

① 將兩片正面相對，縫製三邊。

針插

❋ 完成尺寸　約長25×寬10cm

前面

① 將a與b正面相對接縫。

開口處

表布（正面）

a

裡布（正面）

返口

裡布（背面）

止縫點　止縫點

表布（背面）

⑥ 將表布、裡布分別正面相對，縫製開口處至止縫點，並保留一返口。

⑤ 將表布與裡布正面相對，縫製開口處至止縫點。

止縫點　止縫點

表布（背面）

④ 表布熨燙單膠棉襯。

⑥ ● 後後袋身表布以同一片花色的布料製作，作法依步驟④⑥

② 拼接處縫上蕾絲。

摺雙

b

③ 將布條（5cm）進行疏縫。

④ 拼接處縫上蕾絲。

⑦ 翻回正面，再縫合返口。

紙型A

材料　針線盒：表布a 20×15cm、表布b 20×15cm、表布c 45×30cm、裡布・線軸架45×45cm、貼布縫用布、毛氈布、單膠棉襯40×35cm、寬1.2cm的蕾絲45cm、寬0.7cm的蕾絲15cm、裝飾圓珠2個、吊飾、寬21cm×高9cm口金、紙繩。**剪刀專用袋**：表布a 15×20cm、表布b 30×30cm、裡布30×30cm、針插用兩款布各5×5cm、單膠棉襯30×30、寬0.7cm的蕾絲15cm、寬2cm的布條5cm、直徑0.8cm的鈕釦17個、裝飾小圓珠32個、寬10cm×高3.5cm口金（手縫款）、羊毛。**共用**：25號繡線

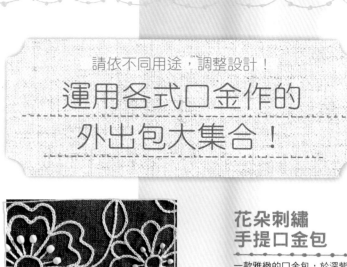

請依不同用途，調整設計！

運用各式口金作的
外出包大集合！

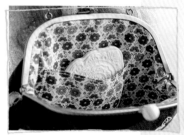

花蕊處縫上裝飾珠，呈現立體感。製作祕訣是縫製時針趾要一致，縫線不要拉得過緊。

以同色系的Liberty print作為裡布，也是一個時尚的亮點。搭配白色珠釦顯得相當合適。

使用的口金
BK-1875AG #0／
INAZUMA

花朵刺繡
手提口金包

一款雅緻的口金包，於深紫色的亞麻布上大氣的進行刺繡。搭配著白色珠釦的骨董風口金，氣質優雅出眾。參與派對……等特別的日子裡，搭配和服出場，也極為適合。（埼玉縣／渡部友子）

---

3 組裝

① 將表、裡袋身正面相對，縫製開口處，並留返口。

裡袋身（背面）

返口

表袋身（背面）

② 翻回正面，並縫合返口。

④ 於將口金鍊條組裝

③ 組裝口金（請見P.10）。

表袋身（正面）

2 製作裡袋身

開口處

口袋（正面）

① 於兩片背面熨燙接著襯。

② 製作於其中一片袋身

③ 進行兩片縫製

（背面）

（正面）

④ 於圓弧處縫份剪牙口。

⑤ 將下方縫份往內摺

⑥ 口袋的作法

0.3

（正面）

20

口袋之袋口摺雙（背面）

12

④ 翻回正面，於袋口進行壓線。

③ 正面相對往摺，縫合兩側。

1 製作表袋身

★ 外加1cm縫份。

② 熨燙接著襯

開口處

前袋身（正面）

1.2

① 進行刺繡

前袋身（正面）

後袋身（背面）

③ 縫上裝飾珠

④ 疏縫蕾絲固定

⑤ 於後袋身熨燙單膠棉襯，再與前袋身正面相對縫製。

⑥ 於圓弧處縫份剪牙口。

❋ 完成尺寸（袋身）　約長19cm×寬26cm

材料　表布60×25cm、裡布75×25cm、單膠棉襯60×25cm、接著襯60×25cm、寬1.5cm的蕾絲55cm、大橢圓裝飾珠12個、小橢圓裝飾珠12個、25號繡線、寬18cm×高8cm的口金、紙繩、鍊條

紙型
A

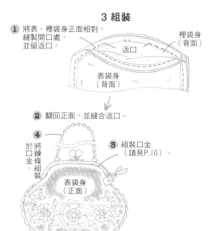

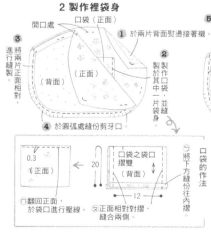

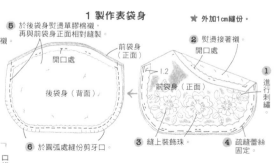

袋鼠口金包

這款收納力滿點的口金包，外側貼有兩個大小不同的口金包。討喜的拼布配色、稍短的提把，整體洋溢著女孩風的可愛感。片狀棉襯使布料更有彈性，也更具承受力。（埼玉縣／長谷川綺菜）

像袋鼠一樣，緊緊地貼在一起

1 小口金包的重量，使袋身容易歪斜，花點心思，以寬側身與褶襴，使包包保持穩定。
2 將行李裝得滿滿的，就像要來個小旅行一般。

1

2

使用的口金
（大）24cm的角丸／角田商店
（小）F24／角田商店

材料 袋身表布95×60cm、側身表布・裡布・內口袋110cm寬×1m、中央布15×25cm、0.6mm厚片狀棉襯90×80cm、接著襯90×85cm、寬3cm蕾絲45cm、1.8cm直徑鈕釦3個、寬1.8cm×長50cm皮製提把1組、0.8cm直徑鉚釘8組、24cm寬×高9cm口金、15cm×高6cm口金、紙繩

紙型 B

★ 外加1cm縫份。

3 組裝

① 將主袋身與外口袋的表袋身對齊縫製。

（背面）
（背面）
外口袋表袋身（正面）
主表袋身（正面）

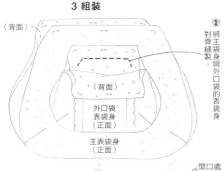

④ 以鉚釘將提把固定於主體。

開口處
0.3
裡袋身（背面）
表袋身（正面）

② 的身，縫份分別與背面相對，摺疊開口處。
將主體與外口袋的表袋身與裡袋身相對，摺疊開口處

③ 於主袋身與外口袋組裝口金（請見P.22）

裡袋身（正面）
外口袋表袋身（正面）
主表袋身（正面）

1 製作袋身

② 袋身熨燙接著襯。

④ 並於後袋身縫間隔，並於車縫上內口袋。

③ 內口袋製作縫摺，並於摺山處進行車縫。

袋口
開口處
③
內口袋（正面）
後袋身（正面）
⑤

⑤ 車縫褶襴。
● 前袋身也依步驟②⑤製作

裡袋身

① 製作內口袋。

袋口摺雙
內口袋（背面）
返口
熨燙接著襯

⊗ 正面相對對摺車縫，並留返口。完成後再翻回正面。

⑥ 於各片側身熨燙接著襯。

側身（背面）
袋底（背面）
側身（背面）
⑦
⑦

⑦ 正面相對接縫，燙開縫份後，再於兩側壓線。

⑧ 將袋身與側身正面相對縫合。

後袋身（正面）
開口處
前袋身（背面）
側身（背面）

※ 表袋身的部分，於袋身與側身熨燙片狀棉襯。

2 製作外口袋

表袋身

① 於袋身與側身熨燙片狀棉襯。

後袋身（背面）
開口處
前袋身（正面）
蕾絲
中央布（正面）
側身（正面）
袋底（正面）
側身（正面）
2

② 將蕾絲與中央布重疊於前袋身縫製，並加上鈕釦裝飾。

③ 依主袋身的裡袋製作。

※裡袋身與裡側身熨燙接著襯，依主袋身的裡袋作法製作。

② 將袋身的部分，於袋身與側身熨燙片狀棉襯，請依裡袋身步驟製作（不需內口袋）

後袋身（正面）
開口處
前袋身（背面）
側身（背面）

※ **完成尺寸（主袋身）** 約長30cm×寬38cm，側身寬約10cm

蕾絲自然風包包

以優雅復古的亞麻布，與蕾絲為主軸的一款極簡的包包。口金簡潔的氛圍，將亞麻布的質樸，襯托得分外好看。角落低調的十字繡也是很棒的裝飾。（大阪府／江崎康惠）

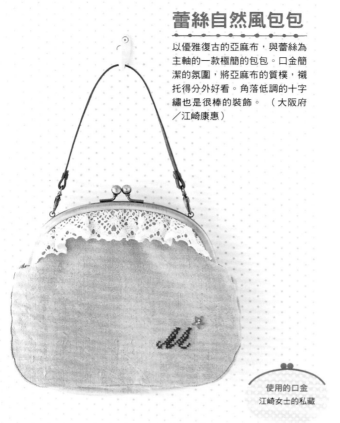

使用的口金
江崎女士的私藏

自然風包包

紙型 B

材料 表布a 55×35cm、裡布55×35cm、棉襯55×35cm、寬4cm的蕾絲70cm、寬1cm的皮帶30cm、寬18cm的口金、寬1.2cm×長3cm的龍蝦釦2個、直徑0.8cm的鉚釘 2組、25號繡線、裝飾珠、紙繩

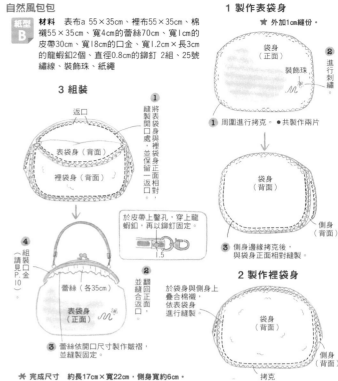

3 組裝

① 將表袋身與裡袋身正面相對，縫製開口處，並保留一返口。

返口
表袋身（背面）
裡袋身（背面）

② 於皮帶上鑿孔，穿上龍蝦釦，再以鉚釘固定。
1.5

④ 〈組裝口金請見P.10〉

並翻回正面，縫合返口，

蕾絲（各35cm）
表袋身（正面）

③ 蕾絲依開口尺寸製作皺褶，並縫製固定。

1 製作表袋身

★ 外加1cm縫份。

袋身（正面）
進行刺繡
裝飾珠

① 周圍進行拷克。●共製作兩片

袋身（背面）

③ 側身邊緣拷克後，與袋身正面相對縫製。

側身（背面）

2 製作裡袋身

於袋身與側身上疊合棉襯，依表袋身進行縫製。

袋身（背面）
側身（背面）
拷克

※ 完成尺寸 約長17cm×寬22cm，側身寬約6cm。

褶飾口金包

口金包組裝了肩背帶，立刻變身成為一款行動自如的隨身包。將蕾絲車縫於市售的皮帶上，原創感十足。運用褶飾，使基本的格紋布展現不一樣的風情。（埼玉縣／角井菜子）

使用的口金
角井女士的私藏

褶飾口金包

★ 外加1cm縫份。

3 組裝

① 將表袋身與裡袋身正面相對進行縫製，於其中一側留返口。

表袋身（背面）
返口
裡袋身（背面）
止縫點

④ 將肩帶組裝於口金。

依個人喜好，於皮帶縫上鈕釦與蕾絲。
蕾絲
鈕釦

② 並翻回正面縫合返口。

③ 〈組裝口金請見P.10〉

表袋身（正面）
墊布

1 製作表袋身

③ 上&下端進行進行縮縫、開口處抓褶14cm，底邊抓褶10cm。

開口處
① 兩片製作皺褶。

④ 將兩片縫至止縫點正面相對。
止縫點
（正面）
（背面）

② 縫製皺褶

3出　4入　7入　8入
1出　2入　5出　6入
蜂巢皺褶繡

2 製作裡袋身

（正面）
止縫點
開口處
止縫點
（背面）

※ 完成尺寸 約長17cm×寬23cm。

材料 表布65×35cm、裡布60×20cm、接著襯60×20cm、蕾絲、鈕釦2個、寬18.5cm×高7cm的口金、紙繩、寬1cm的皮製肩帶 1條

紙型 A

兩片製邊接著襯，正面相對車縫至止縫點。

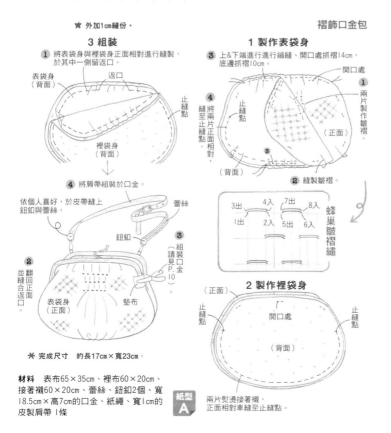

心形口金
肩背袋

以具有特色的裝飾雕刻口金，搭配淺色花布的漂亮肩背袋。只要縫得牢固，即使包內物品稍重，手縫款的口金也可以安心使用。（東京都／上杉輝美）

使用的口金
BK-1672／
INAZUMA

縫上圓形的袋底，就能展現渾圓可愛模樣，收納力也很超乎想像喲！

心形的珠釦相當俏皮。以簡單的回針縫進行縫製，藉以凸顯口金的雕飾部分。

材料 袋身表布・肩帶・花飾95×30cm、袋底表布20×20cm、裡布・口袋60×40cm、棉襯70×20cm、寬4.7cm的蕾絲20cm、寬1cm的蕾絲15cm、直徑0.1cm的細繩30cm、標籤、寬1cm的龍蝦釦2個、直徑0.7cm的鉚釘 2組、安全別針1個、寬16.5cm×高7.5cm口金（手縫款）

紙型 **B**

★ 全部不留縫份直接裁剪。

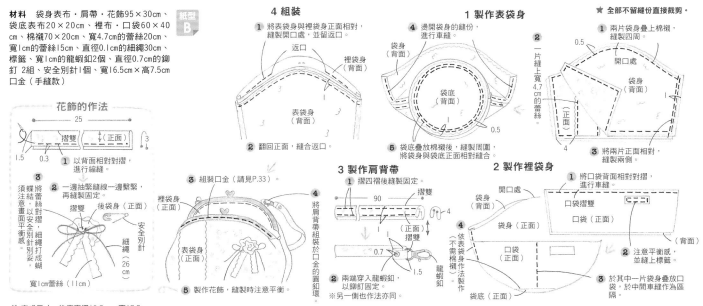

花飾的作法

① 以背面相對對摺，進行縮縫。
② 一邊抽緊縫線一邊繫緊，再縫製固定。
③ 須將蝴蝶結注意蕾絲，以正面別針打成蝴蝶別針妥當。

寬1cm蕾絲（11cm）

4 組裝

① 將表袋身與裡袋身正面相對，縫製開口處，並留返口。
② 翻回正面，縫合返口。
③ 組裝口金（請見P.33）。
④ 將肩背帶組裝於口金的圓釦環。
⑤ 製作花飾，縫製時注意平衡。

3 製作肩背帶

① 摺四褶後縫製固定。
② 兩端穿入龍蝦釦，以鉚釘固定。
※另一側作法亦同。

1 製作表袋身

④ 燙開袋身的縫份，進行車縫。
⑤ 袋底疊放棉襯後，縫製周圍，將袋身與袋底正面相對縫合。

① 兩片袋身疊上棉襯，縫製四周。
② 一片縫上寬4.7cm的蕾絲
③ 將兩片正面相對，縫製兩側。

2 製作裡袋身

① 將口袋背面相對對摺，進行車縫。
② 注意平衡感，並縫上標籤。
③ 於其中一片袋身疊放口袋，於中間車縫作為區隔。

★ 完成尺寸　約底直徑12.5cm×高15.5cm

六角形拼布腰包

以心愛的黃色系花紋，製作六角形的口金包。布料嬌柔可人，造型卻相當活潑。天然木質珠釦口金，配上可愛的圖案剛剛好。（山口縣／石丸真由美）

以連接袋身與袋底的「連底袋身」製作。後袋身也以六角形連結，結構精緻。

打開口金，往包裡頭一瞧，簡直像花圈般花團錦簇！內層還有一個口袋，相當好用。

木質珠釦為碎花拼布增添柔美的表情！

使用的口金
18cm櫛形木珠單環
深棕色 ATS
／角田商店

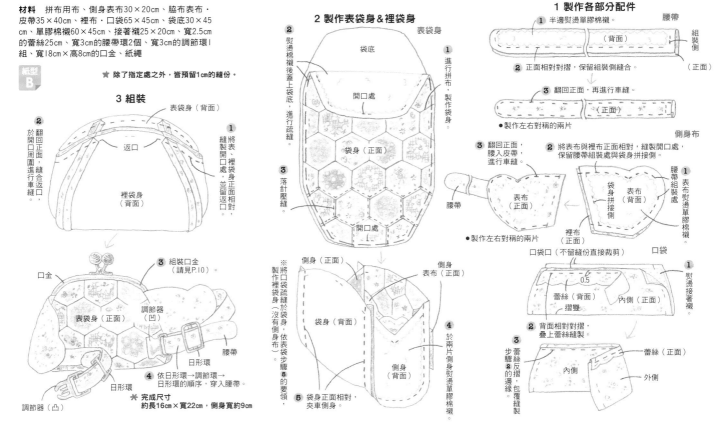

材料 拼布用布、側身表布30×20cm、脇布表布・皮帶35×40cm、裡布・口袋65×45cm、袋底30×45cm、單膠棉襯60×45cm、接著襯25×20cm、寬2.5cm的蕾絲25cm、寬3cm的腰帶環2個、寬3cm的調節環1組、寬18cm×高8cm的口金、紙繩

紙型 B

★ 除了指定處之外，皆預留1cm的縫份。

1 製作各部分配件

① 半邊熨燙單膠棉襯。
腰帶
（背面）
組裝側

② 正面相對對摺，保留組裝側縫合。
（正面）

③ 翻回正面，再進行車縫。
（正面）

● 製作左右對稱的兩片

側身布
① 表布熨燙單膠棉襯。
表布熨燙單膠棉襯處

② 將表布與裡布正面相對，縫製開口處，保留腰帶組裝處與袋身拼接處。
腰帶組裝處
袋身拼接側
表布（背面）
裡布（正面）

③ 翻回正面，腰入皮帶，進行車縫。
腰帶

● 製作左右對稱的兩片

口袋
① 熨燙接著襯
口袋口（不留縫份直接裁剪）
0.5
蕾絲（背面）
內側（正面）
摺雙

② 背面相對對摺，疊上蕾絲縫製。
蕾絲（正面）

③ 蕾絲反摺，包覆縫製步驟②的邊緣
內側
外側

2 製作表袋身＆裡袋身

表袋身
袋底
開口處

② 熨燙棉襯後蓋上袋底，進行疏縫。

① 進行拼布，製作袋身。
袋身（正面）

③ 落針壓縫。
開口處

※ 將口袋疏縫於袋身製作裡袋身（沒有側身布），依表袋身步驟❺的要領。

側身（正面）
側身表布（正面）

袋身（背面）

④ 於兩片側身熨燙單膠棉襯。
側身（背面）

⑤ 袋身正面相對，夾車側身。

3 組裝

① 縫製表、裡袋身開口處，並留返口。
表袋身（背面）
返口
裡袋身（背面）

② 翻回正面，於開口周圍，縫合返口，進行車縫。

口金
表袋身（正面）
③ 組裝口金（請見P.10）。
調節器（凹）
腰帶
日形環
日形環
調節器（凸）

④ 依日形環→調節環→日形環的順序，穿入腰帶。

✹ 完成尺寸
約長16cm×寬22cm 側身寬約9cm

袋內的口金包，可以作為托特包的夾層，也可作為收納重要物品的口袋。

裡面還有一個口金包！

使用的口金
村山女士的私藏

附口金包的迷你托特包

雖然乍看之下只是一般的托特包，但中間可是藏著一個大大的口金包。正因為這款托特包無袋蓋，口金包的口袋才更加重要。以皮革作成的提把與袋底，亦頗具巧思。（長崎縣／村山みほ）

1

2

1 以強韌的皮革作為提把，運用布料包覆鉚釘，平衡了皮革的粗獷感。**2** 將五片一組的花瓣部件，取三片加以重疊，再用蕾絲鈕釦裝飾，便完成一朵裝飾胸花。

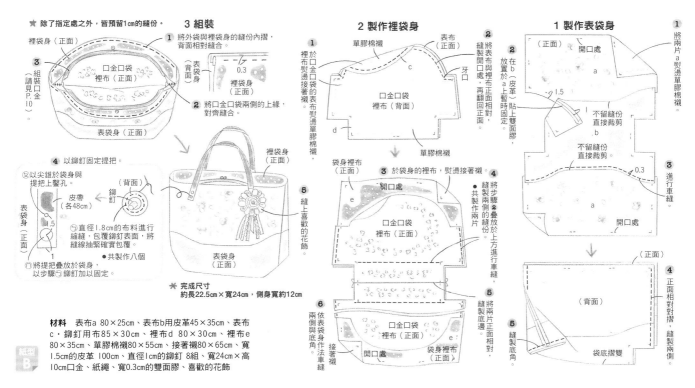

★ 除了指定處之外，皆預留1cm的縫份。

3 組裝

裡袋身（正面）

① 將外袋與裡袋身的縫份內摺，背面相對縫合。

③ 組裝口金（請見P.10）

口金口袋裡布（正面）

表袋身（正面）

表袋身（背面）

裡袋身（正面）

② 將口金口袋兩側的上緣，對齊縫合。

④ 以鉚釘固定提把。

⊗以尖錐於袋身與提把上鑿孔。

皮帶（各48cm）

鉚釘

表袋身（正面）

1.5

⊙直徑1.8cm的布料進行縮縫，包覆鉚釘表面，將縫線抽緊確實包覆。●共製作八個

⊖將提把疊放於袋身，以步驟⊙鉚釘加以固定。

裡袋身（正面）

（背面）

鉚釘

表袋身（正面）

⑤ 縫上喜歡的花飾。

★ 完成尺寸
約長22.5cm×寬24cm，側身寬約12cm

2 製作裡袋身

單膠棉襯

表布（正面）

① 於口金口袋的表布與裡布熨燙接著襯。

牙口

口金口袋裡布（背面）

d

② 將表布與裡布正面相對，縫製開口處，再翻回正面。

將表布與裡布正面相對，縫製開口處，再翻回正面，暫時固定。

單膠棉襯

袋身裡布（正面）

③ 於袋身的裡布，熨燙接著襯。

開口處

口金口袋裡布（正面）

④ 將步驟②疊放於上方進行車縫，縫製兩側的縫份。●共製作兩片

e

⑤ 將兩片正面相對，縫製底邊。

口金口袋裡布（正面）

開口處

袋身裡布（正面）

⑥ 依表袋身作法車縫兩側與底角。

接著襯

1 製作表袋身

（正面）

開口處

a

① 將兩片a熨燙單膠棉襯。

② 在b（皮革）貼上雙面膠，放置於a上暫時固定。

1.5

b

不留縫份直接裁剪

不留縫份直接裁剪

0.3

a

開口處

③ 進行車縫。

（正面）

（背面）

④ 正面相對對摺，縫製兩側。

⑤ 縫製袋底角。

袋底摺雙

材料 表布a 80×25cm、表布b用皮革45×35cm、表布c‧鉚釘用布85×30cm、裡布d 80×30cm、裡布e 80×35cm、單膠棉襯80×55cm、接著襯80×65cm、寬1.5cm的皮革 100cm、直徑1cm的鉚釘 8組、寬24cm×高10cm口金、紙繩、寬0.3cm的雙面膠、喜歡的花飾

紙型 B

杯裝冰淇淋 桌上型收納包

看到口金圓圓的部分，讓你想到什麼？冰淇淋！以鮮豔的布料與彩色的裝飾珠，呈現出冰淇淋的造型。杯底放入厚紙板，使包包可以站立。將它置於桌上收納小物如何？（千葉縣／長谷川久美子）

一起將口金活用於家中小物

吊飾的造型也有巧思！

使用的口金 長谷川女士的私藏

除了茶包之外，也可以搭配糖果或吊飾，或用於收納冰淇淋匙。

★ 除了指定處之外，皆預留1cm的縫份。

4 組裝

袋身A 表布（背面）

① 將袋身A表布與袋身B表布正面相對縫製。

袋身B 裡布（正面）

先將袋身A的裡布翻起

底側

② 扶住袋身B，並撥開袋身A裡布，於接縫處進行車縫。

③ 翻回裡布，將袋身A裡布縫於袋身B。

④ 組裝口金（請見P.10）

⑤ 穿過金屬珠鍊組裝吊飾。

⑨ 組裝雞眼釦。

○ 兩片布分別貼上雙面接著襯，夾住毛氈布貼合。

⑦ 縫上蕾絲。

毛氈布（背面）

內摺1cm

④ 翻回正面，將袋底與袋身進行毛邊縫。

✳ 完成尺寸　袋底直徑約7.5cm×高約14cm

3 製作袋身B

7.5

開口處

① 兩片分別熨燙薄質接著襯

② 兩片分別製作縮縫，進行7.5cm的抓皺。

※表布作法亦同。

④ 將表布與裡布正面相對，開口處縫一圈。

⑤ 翻回正面，於開口處進行車縫。

⑥ 將表布與裡布的下緣，一起進行一圈疏縫。

0.2

0.5

表布（正面）

0.5

⑦ 兩片一起製作皺褶，並疏縫固定。

紙型 A

2 製作袋身A

② 以刺繡縫上貼布縫用布。

③ 進行裝飾縫。

① 熨燙接著襯

● 共製作兩片（無貼布縫）。

⑤ 翻回正面，燙開縫份後於兩側壓線。

※裡布依步驟145製作。

0.3

④ 將兩片正面相對，縫製兩側。

⑥ 將表布與裡布正面相對，縫合袋底。

⑦ 翻回正面，整理袋型。

1 製作袋底

① 周圍進行縮縫。

② 將兩片厚紙板重疊，置入其中並抽緊縫線。

0.3

厚紙

※裡布作法亦同（置入一片厚紙板）。

③ 將表布與裡布背面相對，周圍進行毛邊縫。

材料　袋身A表布．袋底表布30×20cm、袋身B表布25×25cm、裡布45×25cm、貼布縫用10×5cm、湯匙用布5×10cm、羊毛氈5×10cm、單膠棉襯35×20cm、薄質單膠棉襯25×25cm、雙面接著襯5×10cm、寬1cm的蕾絲30cm、直徑0.8cm的雞眼釦 1組、裝飾珠、長7 cm的珠鍊、25號繡線、寬12cm×高6cm的口金、紙繩、厚紙板15×15cm

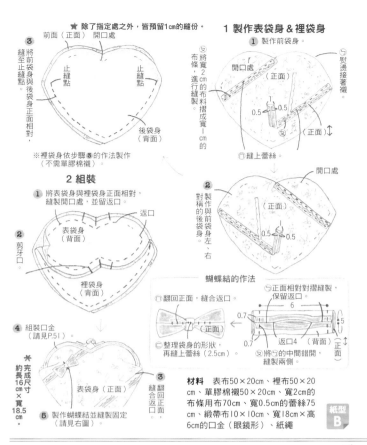

③ 縫至前止縫點與後袋身正面相對

前面（正面）開口處
止縫點　　止縫點
後袋身（背面）

※裡袋身依步驟③的作法製作（不需單膠棉襯）

2 組裝
① 將表袋身與裡袋身正面相對，縫製開口處，並留返口。

表袋身（背面）
② 剪牙口
裡袋身（背面）

④ 組裝口金（請見P.51）
表袋身（正面）

※約完成尺寸　長16cm×寬18.5cm

⑤ 製作蝴蝶結並縫製固定（請見右圖）
③ 翻回正面，縫合返口。

★ 除了指定處之外，皆預留1cm的縫份。

1 製作表袋身＆裡袋身
① 製作前袋身。
開口處（正面）
將寬2cm的布條，進行縫製。摺成寬1cm的
0.5　0.5
（正面）
④ 縫上蕾絲。

② 製作對稱的後袋身與前袋身左、右。
開口處
（正面）
0.5　0.5

蝴蝶結的作法
① 正面相對對摺縫製，保留返口。
翻回正面，縫合返口。
（正面）
6
0.7　0.7
返口4（背面）
③ 整理袋身的形狀，再縫上蕾絲（2.5cm）。
⑤ 將の中間錯開，縫製兩側。

材料　表布50×20cm、裡布50×20cm、單膠棉襯50×20cm、寬2cm的布條用布70cm、寬0.5cm的蕾絲75cm、緞帶布10×10cm、寬18cm×高6cm的口金（眼鏡形）、紙繩　紙型B

心形包裝風格收納包
見到眼鏡盒上的兩道弧線，讓人立刻想到可愛的心形。單獨欣賞就很好看，若以同色系的緞帶妝點成包裝風格，就化身成一款嬌媚的口金包了！（埼玉縣／平松千賀子）

眼鏡狀的線條效果極佳！

使用的口金
平松女士的私藏

發呆的大象先生收納包
腮幫子縫上的大耳朵、以零碼布製作的鼻子、鈕釦眼睛……等，是一款充滿玩興的有趣口金包，孩子們也都非常喜歡。加上肩帶作成肩背包，也很好玩！（京都府／前嶋佐江子）

充滿童趣的一款設計！

這款格紋與點點組成的Vivid拼布，搭配粗橘色縫線很適合。

使用的口金
前嶋女士的私藏

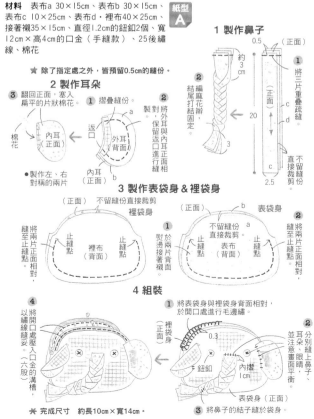

材料　表布a 30×15cm、表布b 30×15cm、表布c 10×25cm、表布d、裡布40×25cm、接著襯35×15cm、直徑1.2cm的鈕釦2個、寬12cm×高4cm的口金（手縫款）、25後繡線、棉花　紙型A

★ 除了指定處之外，皆預留0.5cm的縫份。

1 製作鼻子
0.5（正面）
約3cm
① 將三片重疊疏縫。
② 編麻花辮，結尾打結固定。
20
3
2.5
不直接裁剪　直接縫製不留縫份

2 製作耳朵
③ 翻回正面，塞入扁平的片狀棉花。
返口
棉花
外耳（正面）
內耳（背面）
② 摺疊縫份。
a
製對，將外耳與內耳正面相對，保留返口進行縫製。
內耳（正面）
b
● 製作左、右對稱的兩片

3 製作表袋身＆裡袋身
（正面）不留縫份直接裁剪
裡袋身
裡布（背面）
止縫點　　止縫點
縫將至兩片止縫點
（正面）
表袋身
a
不留縫份直接裁剪
止縫點　表布（背面）　止縫點
熨燙接著襯於兩片背面
b
② 縫至兩片正面相對止縫點。

4 組裝
① 將表袋身與裡袋身背面相對，於開口處進行毛邊繡。
裡袋身（正面）
0.3
④ 將開口處壓入口金的溝槽（六股）
鈕釦
內摺1cm
表袋身（正面）
② 分別縫上鼻子、耳朵與眼睛，並注意畫面平衡。
③ 將鼻子的結子縫於袋身。

※ 完成尺寸　約長10cm×寬14cm。

★ 除了指定處之外，皆不留縫份直接裁剪。

1 製作表袋身＆裡袋身　甜點收納包

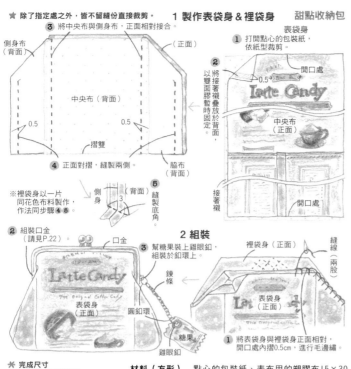

③ 將中央布與側身布，正面相對接合。

側身布（背面）　　（正面）

中央布（背面）

0.5　　　0.5

摺雙

④ 正面對摺，縫製兩側。

※裡袋身以一片同花色布料製作，作法同步驟④⑤。

表袋身

① 打開點心的包裝紙，依紙型裁剪。

0.5

② 以接著襯疊放於背面，以雙面膠暫時固定。

中央布（正面）

脇布（背面）

接著襯

開口處

⑤ 縫製底角

② 組裝口金（請見P.22）

口金

③ 幫糖果裝上雞眼釦，組裝於釦環上。

裡袋身（正面）

縫線（兩股）

鍊條

表袋身（正面）

圓釦環

糖果

雞眼釦

表袋身（正面）

① 將表袋身與裡袋身正面相對，開口處內摺0.5cm，進行毛邊繡。

2 組裝

※ 完成尺寸
約長10cm×寬16.5cm，
側身寬約3cm

※圓弧形的作法與方形相同。

紙型 B

材料（方形） 點心的包裝紙、表布用的塑膠布15×30cm、裡布用的鋪棉布25×30cm、厚質接著襯25×30cm、直徑0.5cm的鉚釘1組、直徑0.7cm的圓釦環2個、鍊條5cm、糖果1顆、寬12cm×高6cm的口金、紙繩、雙面膠
圓形使用約寬12cm×高6cm的口金

美味甜點收納包

以來自國外的點心包裝紙為表布！利用大顆的珠釦、個別包裝的糖果作成吊飾，滿滿都是開心的好點子。由於袋身延展稍微不足，因此製作側身補強。（千葉縣／菊池明子）

使用的口金
（圓弧形）BK-1275S
＃6、＃102／INAZUMA
（方形）菊池女士的私藏

運用包裝紙製作的新點子！

小熊口金包

使用的口金
Seria

這款口金包，是先以橡膠球塑型一顆立體毛氈球，再進行製作的。將手縫款的口金，組裝於毛氈球的切口上面就能完成。小熊圓圓的瞳孔、柔軟的觸感，讓大家的心都不禁融化了！（埼玉縣／豬又麻貴子）

以羊毛作的立體口金包

毛氈球就是這樣作成的

以橡膠球為芯，球外捲上羊毛，待氈化之後以剪刀剪開，取出橡膠球。

材料（淺藍色） 羊毛氈4種、蕾絲片3片、寬8cm×高4.5cm的口金（手縫款）羊毛氈專用針與專用墊、直徑6cm的橡膠球、廚房用的清潔劑

1 製作袋身

塑膠袋

羊毛球

淡藍色羊毛氈

白色的羊毛氈

橡膠球

小熊口金包

① 作成一顆。依序包白色、淡藍色羊毛氈於橡膠球上。

② 放入羊毛球摩擦，使其氈化（因有熱度，請戴上橡膠手套）。

③ 廚房用清潔劑加入熱水，調成肥皂水，倒入塑膠袋裡。

④ 直至一定程度的氈化，依步驟②，於桶內調和出肥皂水，旋轉羊毛球。

肥皂水

羊毛球

桶子

⑤ 待完全氈化之後，晾乾以清水，洗滌羊毛球之後

⑥ 以剪刀依口金尺寸，剪出切口取出橡膠球。

羊毛球

2 製作耳朵＆尾巴

開口周圍

① 以羊毛氈專用針，將羊毛氈作成喜歡的形狀。

羊毛氈專用針

羊毛氈工作墊

※兩個耳朵與尾巴作法亦同

② 注意平衡感，以專用針固定鼻子與嘴巴。

3 組裝

① 對齊口金與袋身切口縫製。

② 注意平衡，以羊毛氈專用針，固定嘴巴周圍，以耳朵、尾巴。

口金

耳朵

本體

目

羊毛球

蕾絲貼片

③ 臉頰縫上兩片蕾絲貼片，尾巴縫上一片蕾絲貼片。

※ 完成尺寸　約長9cm×寬8cm

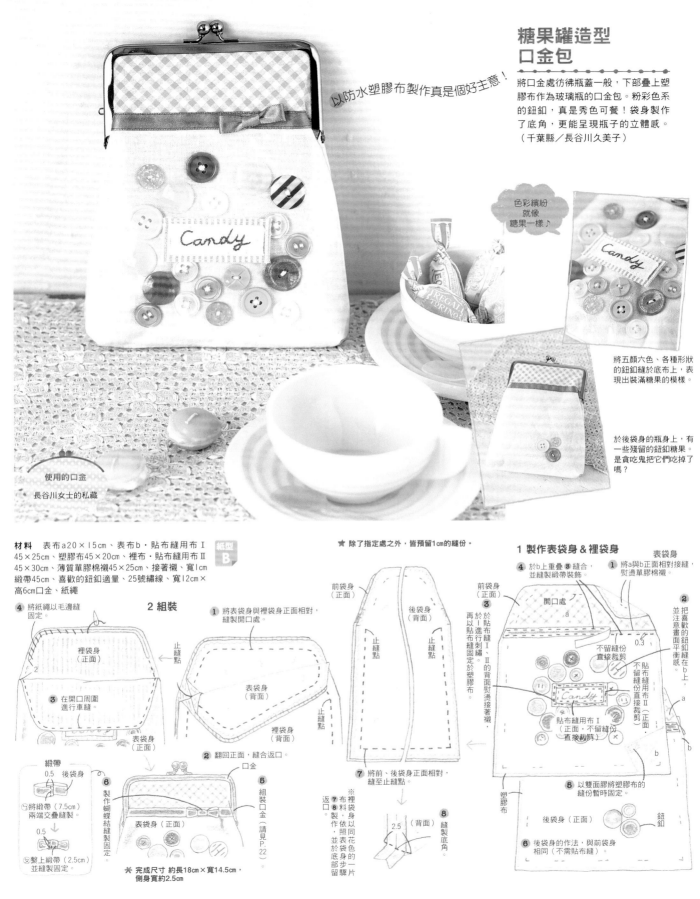

以防水塑膠布製作真是個好主意！

糖果罐造型
口金包

將口金處彷彿瓶蓋一般，下部疊上塑膠布作為玻璃瓶的口金包。粉彩色系的鈕釦，真是秀色可餐！袋身製作了底角，更能呈現瓶子的立體感。
（千葉縣／長谷川久美子）

色彩繽紛
就像
糖果一樣♪

將五顏六色、各種形狀的鈕釦縫於底布上，表現出裝滿糖果的模樣。

於後袋身的瓶身上，有一些殘留的鈕釦糖果。是貪吃鬼把它們吃掉了嗎？

使用的口金
長谷川女士的私藏

材料 表布a20×15cm、表布b‧貼布縫用布Ⅰ45×25cm、塑膠布45×20cm、裡布‧貼布縫用布Ⅱ45×30cm、薄質單膠棉襯45×25cm、接著襯、寬1cm緞帶45cm、喜歡的鈕釦適量、25號繡線、寬12cm×高6cm口金、紙繩

紙型 **B**

★ 除了指定處之外，皆預留1cm的縫份。

1 製作表袋身＆裡袋身

表袋身
①將a與b正面相對接縫，熨燙單膠棉襯。

②並把喜歡的鈕釦縫在b上，並注意畫面平衡感。

④於b上重疊③縫合，並縫製緞帶裝飾。

③再於①的貼布縫Ⅰ、Ⅱ進行刺繡，再以貼布縫固定於塑膠布。

前袋身（正面）
開口處
a

不留縫份直接裁剪

不留縫份直接裁剪
貼布縫用布Ⅱ（正面）

Candy
貼布縫布Ⅰ（正面‧不留縫份直接裁剪）

0.3

a

b

⑤以雙面膠將塑膠布的縫份暫時固定。

塑膠布

後袋身（正面）
鈕釦

⑥後袋身的作法，與前袋身相同（不需貼布縫）。

2 組裝

④將紙繩以毛邊縫固定。

裡袋身（正面）
止縫點
2

③在開口周圍進行車縫。

表袋身（正面）

前袋身（正面）

後袋身（背面）

止縫點

止縫點

①將表袋身與裡袋身正面相對，縫製開口處。

表袋身（背面）

裡袋身（背面）

止縫點

②翻回正面，縫合返口。

⑦將前、後袋身正面相對，縫至止縫點。

前袋身（正面）
後袋身（背面）
止縫點
止縫點

※布裡袋身以同表袋身花樣片

返口
⑦布料袋身製作，並於袋身的底部留聽

2.5

（背面）

⑧縫製底角。

2.5

緞帶

0.5

後袋身

⊖將緞帶（7.5cm）兩端交疊縫製。

⊜繫上緞帶（2.5cm）並縫製固定。

製作蝴蝶結縫製固定

口金

表袋身（正面）

⑤組裝口金（請見P.22）

※ 完成尺寸 約長18cm×寬14.5cm，側身寬約2.5cm

gamaguchi column ② 調整紙型

運用手邊現成的口金，製作書中尺寸相近的作品……
此時，先掌握調整紙型的方法，會比較得心應手。
如果口金的尺寸差距大，作品整體變化會比較大，因此，調整的幅度建議在1㎝左右。

※為便於說明，圖片以變形方式處理。

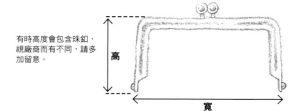

有時高度會包含珠釦，
視廠商而有不同，請多
加留意。

高

寬

先一起來確認一下尺寸吧！

以捲尺量出現有口金的高度與寬度。若開口附近的皺褶設計，不在考慮之
列，則以口金中間至鉚釘之間的長度，與紙型中間到止縫點之間的長度為
等長。

初級篇

袋身以扁平口金包的紙型為
例，介紹其基本調整寬度、
高度的方法。

不同高度的口金……
自止縫點的位置，橫向剪開紙型。

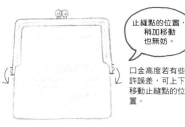

止縫點的位置，
稍加移動
也無妨。

口金高度若有些
許誤差，可上下
移動止縫點的位
置。

使用圓形口金時

與方形口金的調整方式一樣，以止縫
點位置為準，橫向剪開紙型，再加以
調整。不過因為圓弧影響會有些許改
變，因此，請先量出中間到鉚釘的長
度，再調整止縫點的位置。

至止縫點的
長度，
請務必確認。

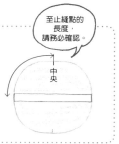

中央

©圖

①從止縫點的位置，
剪開紙型。

止
縫
點

止
縫
點

②連接線。

C 手邊的口金
較高時
依據口金的高度，
直向拉開紙型。

D 手邊的口金
較低時
剪開紙型，
並重疊縮減高度。

寬度不同的口金…… 從中直向剪開紙型。

使用圓形的口金時

與方形口金一樣，先直向剪開紙型，再加以調整。不過因為圓弧的影響，
多少會有點改變，請先量出中間至鉚釘的長度，再調整止縫點的位置。

B 手邊的口金比較窄時

也可以使用
抓皺
的方式

如果作品適合採用抓皺設
計，可以於開口附近抓
皺，以配合口金的大小。

B圖

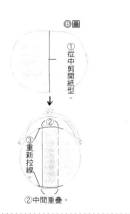

①從中剪開紙型。

②重新拉線

②中間重疊。

A圖

②連接線。

①從中剪開紙型。

②

A 手邊的口金較寬時
依據口金的寬度，橫向拉開紙型。

B 手邊的口金較窄時
將紙型剪開，於中間交疊。

高度不同的口金……

例 口金的寬度不變，拉長高度。

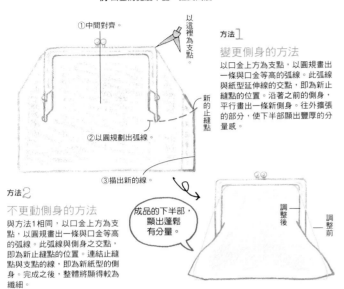

①中間對齊。

以這裡為支點。

②以圓規劃出弧線。

新的止縫點

③描出新的線。

方法1
變更側身的方法
以口金上方為支點，以圓規畫出一條與口金等高的弧線。此弧線與紙型延伸線的交點，即為新止縫點的位置。沿著之前的側身，平行畫一條新側身。往外擴張的部分，使下半部顯出豐厚的分量感。

方法2
不更動側身的方法
與方法1相同，以口金上方為支點，以圓規畫出一條與口金等高的弧線。此弧線與側身之交點，即為新止縫點的位置。連結止縫點與支點的線，即為新紙型的側身。完成之後，整體將顯得較為纖細。

成品的下半部顯出蓬鬆有分量。

調整後　調整前

寬度與高度皆不同的口金……

實際上，同時改變口金的寬度與高度，是常有的事，請綜合上述方法，加以調整。也可運用此種方法，作出自己的原創紙型。

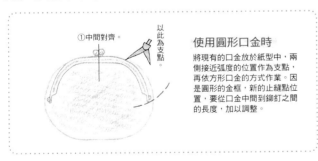

①中間對齊。

以此為支點。

使用圓形口金時
將現有的口金放於紙型中，兩側接近弧度的位置作為支點，再依方形口金的方式作業。因是圓形的金框，新的止縫點位置，要從口金中間到鉚釘之間的長度，加以調整。

不同寬度的口金……

例 以這裡為支點。

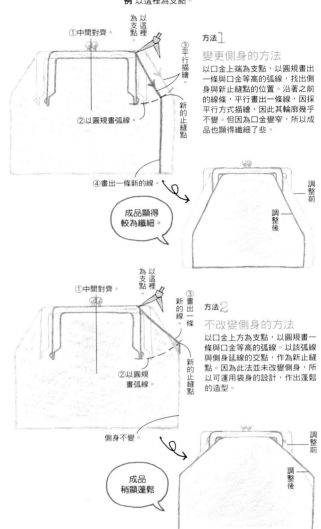

①中間對齊。

為以這裡支點。

②以圓規畫弧線。

③平行描繪

新的止縫點

④畫出一條新的線。

方法1
變更側身的方法
以口金上端為支點，以圓規畫出一條與口金等高的弧線，找出側身與新止縫點的位置。沿著之前的線條，平行畫出一條新線，因採平行方式描繪，因其輪廓幾乎不變。但因為口金變窄，所以成品也顯得纖細了些。

成品顯得較為纖細。

調整前

調整後

①中間對齊。

為以這裡支點。

②以圓規畫弧線。

③畫出一條新的線。

新的止縫點

方法2
不改變側身的方法
以口金上方為支點，以圓規畫一條與口金等高的弧線。以該弧線與側身延線的交點，作為新止縫點。因為此法並未改變側身，所以可運用袋身的設計，作出蓬鬆的造型。

側身不變。

成品稍顯蓬鬆

調整前

調整後

有側身布片的作品……

使用方形口金時……
<口金的寬度> 將袋身從中剪開，加以調整。連底側身款式，也不要忘記調整其側身的長度。。
<口金的高度> 將側身用布開口處V邊的長度，加以調整。口金較高為深V，較低的話則為淺V。

使用圓形口金時
圓形口金若要像方形一般明確地進行調整，確實有點難度，因此請將袋身與側身開口周圍的長度相加，與現有口金比較之後，再以上述其中一個方法進行作業。

※以P.20「基礎款側身口金包」進行說明。

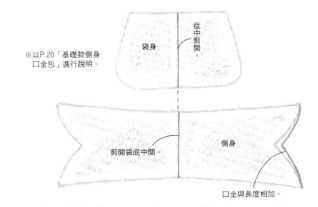

袋身

從中剪開。

剪開袋底中間

側身

口金與長度相加。

國家圖書館出版品預行編目資料

初學者の手作口金包完全攻略：85個超人氣小包
BEST COLLECTION / 主婦與生活社授權；張鐸譯.
-- 初版. -- 新北市：雅書堂文化, 2016.10
面；公分. -- (Cotton time特集；7)
ISBN 978-986-302-332-6(平裝)

1.手提袋 2.手工藝

426.7   105017594

【Cotton time特集】07

初學者の手作口金包完全攻略：

85個超人氣小包BEST COLLECTION

授　　　權／主婦與生活社
譯　　　者／張鐸
發 行 人／詹慶和
總 編 輯／蔡麗玲
執行編輯／黃璟安
特約編輯／李盈儀
編　　　輯／蔡毓玲・劉蕙寧・黃璟安・李佳穎・李宛真
執行美編／韓欣恬
美術編輯／陳麗娜・周盈汝
出 版 者／雅書堂文化事業有限公司
發 行 者／雅書堂文化事業有限公司
郵政劃撥帳號／18225950　戶名：雅書堂文化事業有限公司
地　　　址／220新北市板橋區板新路206號3樓
網　　　址／www.elegantbooks.com.tw
電子郵件／elegant.books@msa.hinet.net
電　　　話／(02) 8952-4078
傳　　　真／(02) 8952-4084

2016年10月初版一刷　定價380元

"HAJIMETE DEMO KANARAZU TSUKURERU!KAWAII GAMAGUCHI 85"
Copyright © 2013SHUFU-TO-SEIKATSU SHA LTD.
All rights reserved.
Original Japanese edition published by SHUFU-TO-SEIKATSU SHA LTD.,
Tokyo.

This Complex Chinese language edition is published by arrangement with
SHUFU-TO-SEIKATSU SHA LTD., Tokyo in care of Tuttle-Mori Agency,
Inc., Tokyo
through Keio Cultural Enterprise Co., Ltd., New Taipei City, Taiwan.

總 經 銷／朝日文化事業有限公司
進退貨地址／235新北市中和區橋安街15巷1號7樓
電　　　話／(02) 2249-7714　傳　　　真／(02) 2249-8715

Special Thanks

本書口金包作品製作群

鈴木ふくえ
little mabel負責人，除了販售手工套組，並主持全國各地的研習會。
本書附製作過程的作品，皆出自鈴木女士之手。
deux-papillon.jugem.jp

菊池明子
在第62頁，利用點心袋作成收納包的創意，非常出色！近來也應孩子
的要求，參與舞台服裝的製作。
あこぷう手作　http://akiko540308.blog32.fc2.com/

清水友美
六件作品皆採柔美的粉彩色系製成。一下子就作好了，自己也大吃了
一驚。
隨意Handmade　http://blogs.yahoo.co.jp/kimamani_handmade

長谷川久美子
與幼稚園的媽媽們籌設人偶劇場，並擔任手作的工作，每天忙得不
亦樂乎。其所製的口金包款式獨特，她說：「首度挑戰，感到非常開
心！」

平松千賀子
簡約而柔美的拼布，是屬於平松女士的風格。封面所蒐錄的心形收
納包，為平松女士所作。
Choco-Linge～ショコランジュ～　http://blog.goo.ne.jp/choco-linge/

山本靖美
這次展出三件作品，皆以Liberty Print製作。她所挑選的布料，成熟
且不耽溺於甜美，相當好看。
Yasumin's café*　http://unclejamy.exblog.jp/

材料提供

● 植村（INAZUMA）http://www.inazuma.biz
● タカギ纖維　http://www.takagi-seni.com
● 角田商店　http://shop.towanny.com
● まつひろ商店　http://matsuhiroshoten.com
● がま口の口金・型紙の專門店　「橫浜Labo-ハマラボ」
　http://hama-labo.shop-pro.jp
● cherin-cherin　http://chelin-chelin.shop-pro.jp
● yuki-made&...　http:// yukimade.cart.fc2.com

取材提供

CLOVER

協助攝影

AWABEES・UTUWA・EASE PARIS

日文原書團隊

編　　　輯／伊藤洋美
設　　　計／ohmae-d（伊藤綾乃）
攝　　　影／八幡宏・岡利惠子（主婦與生活社）
造　　　型／石川美和
製圖・紙型／今寿子
製　　　圖／大崎布由子・仲條詩步子
作 法 繪 圖／山森かよ
校　　　對／滄流社
編 輯 擔 當／島治香

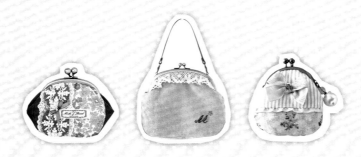

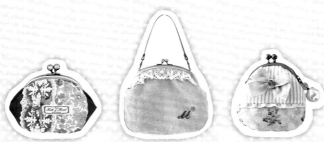